CARE

Good Care ,
Good Living

CARE
Good Care ,
Good Living

CARE

Good Care ,
Good Living

CARE

Good Care ,
Good Living

CARE
Good Care ,
Good Living

care 33
中西醫併治‧夾擊乳癌

作　　者：賈愛華‧賴榮年
責任編輯：劉鈴慧
美術設計：何萍萍
封面設計：蔡怡欣
插　　畫：小瓶仔
校　　對：陳佩伶
法律顧問：全理法律事務所董安丹律師
出 版 者：大塊文化出版股份有限公司
　　　　　臺北市10550南京東路四段25號11樓
　　　　　www.locuspublishing.com
讀者服務專線：0800-006689
TEL：(02) 87123898　FAX：(02) 87123897
郵撥帳號：18955675
戶　　名：大塊文化出版股份有限公司
版權所有　翻印必究

總 經 銷：大和書報圖書股份有限公司
地　　址：新北市新莊區五股工業區五工五路2號
　　　　　TEL：(02) 89902588 (代表號)　FAX：(02) 22901658
製　　版：瑞豐實業股份有限公司
初版一刷：2014 年 9 月
定　　價：新台幣 380 元
ISBN：978-986-213-543-3
Printed in Taiwan

中西醫併治‧夾擊乳癌

作者：賈愛華‧賴榮年

目錄

後記

序

人生
我要充實過到最後一分鐘

賈愛華 / 自序

　　當您靜下來看這本書，不知您是如何讀這本書？我所說的，是心態；如果細細閱讀，代表您關心乳癌的神出鬼沒，想為自己或親友，尋求一個比較有品質的療程，並期盼尾聲是雨過天晴；因為我們和乳癌，都是時空過客，相見無還期。

　　沒有生命，就斷絕了我和所有外緣的關係，進入了無生物的空觀世界。人的生命本來就是很短暫，朝生暮死，有如蜉蝣之寄生於天地間。

　　匈牙利有名的詩人裴多菲・山多爾（Petöfi Sándor）曾寫過「生命誠可貴，愛情價更高；若為自由故，兩者皆可拋！」我在上大學時，地質學周聞經教授的課堂上，他是這麼詮譯這首詩：「人生就像是一條長河，穿越山脈，歷經源頭青年河川的切割期、中段壯年的奔騰期、出海老

年的堆積平原期。因此人生常瞬間變化，尤其是在出海階段，十年河東十年河西，盛衰各有時，乃人生之常態。」

依老師看來，裴多菲的這首詩，也會隨著不同的年齡讀它，體驗出不同的心得。年輕時讀它的次序是：「生命誠可貴，自由價更高；若為愛情故，兩者皆可拋！」中年時讀它的次序是：「生命誠可貴，愛情價更高；若為自由故，兩者皆可拋！」若以垂垂老矣、將退休的我讀它，將是：「愛情誠可貴，自由價更高；若為生命故，兩者皆可拋！」

記得當年老師說：「我甚至願意犧牲自由被關在監牢裡，沒有家人的探視，只要上天讓我擁有生命，在牢房裡有一份當天的報紙可看，知道這花花世界上發生了什麼大事，就心滿意足了！」我當時聽了這一段話，只有一個感覺，覺得老師是求知慾強的孔子，「朝聞道，夕死可矣！」

身為職業婦女，在成長的過程中，沒有任何一門課程教育我，該如何應對生活和工作的挑戰，為了愛情、為了工作的自由，在馬拉松賽式一刻不能停的生活中，我鮮少留意身體對我發出的警訊。現代結婚的職業婦女，哪個不是這樣？由競爭的職場下班，回到家，圍上圍裙，馬上扮

演賢妻良母的角色，為家人備餐、洗衣、督促孩子功課，準備隔天生活各方面所需。

我是醫學院生理學的教授，生理學不外乎指導學生探討：人體如何維持體內各數值的穩定與恆定（恆定性），例如體溫須維持在 37.3℃、體液 pH 值在 7.35-7.45 的微鹼性、血糖、血壓、血氧亦如是也。一旦偏離了這些數值，就代表身體不處於正常生理狀態，而是步入病理狀態。

大家都知道在醫學院裡當女教授，是非常辛苦的一件事，好友及師長們總是勸我：「要把孩子訓練好、要會幫忙做家事，盡量簡化生活，將身心靈處於自在的環境中，去突破、超越自我。」但是體檢的報告通知我，我在維持生理健康的這場戰役中，失敗了……這是多麼大的諷刺啊？真好笑！每天在課堂上、生活上，指導醫學生與研究生探討人體如何維持在正常生理狀態的專家，居然、最終，栽培自己處於病理狀態！我的生活由看山是山、看水是水，剎那間步入一個混亂崩解的階段。看山不是山、看水不是水，我失去了自信，我將失去自我的生命，難道這是我一生努力的宿命嗎？

我是一個不認命的人，生命既尚未隨緣盡，我仍須好好扮演自己，做自己的英雄！

為了研究生命科學，在課堂上也犧牲過很多小動物的生命，現在，輪到我得摸著石頭過河，學習抗癌的過程與經驗。

我將開啟生命的另外一個樂章，我追求的、仍是生理學的基本原則，如何維持生命與生活的恆定性，不因為參與乳癌這場聖戰而發生改變！也就是，我不會被乳癌嚇到放棄工作、放棄孩子、放棄學生，去扮演病人的角色，我要在這場戰役中贏回自己，贏回家人與學生的敬重！

與賴榮年主任合寫這本書，我懇求他的指點與幫忙，我實在沒自信，不知是否能順利完成生平第一本中文書。先父在世時，要求我效法范仲淹的〈岳陽樓記〉中所言：「先天下之憂而憂，後天下之樂而樂。」難道罹患乳癌，是我之憂，然後戰勝乳癌，是我之樂？

所以，且將這本書獻給所有乳癌的朋友與家人，讓我們分享乳癌的先天下之憂而憂，分享擁有新生命的後天下之樂而樂，共勉之。

病人態度
往往就決定了結果

賴榮年 / 自序

中醫的長處，就是辨證論治，就是相信身體的語言，並且相信身體各部位所產生的症狀，彼此間是有關聯的；透過這樣的關聯性，尋求治療乳癌的切入點就對了。

我期望每位治療乳癌的醫師，不論是中醫、西醫，都應打破門戶之見，盤算各種最有利於病患的療法，擬出一個針對個人、客製化的治療策略，幫助前來求醫的病人，能達到較高的治癒機會，療程中受到最少的副作用傷害，並有較舒服的生活品質。

乳癌確診
一場人生的馬拉松賽才揭開序幕

隨著時代變遷，女性面臨職場競爭壓力，或各種環境

汙染等等，讓越來越多女性罹患乳癌的問題浮上檯面。一
位女性罹患乳癌後，密集的診斷及治療，如排山倒海般佔
據了她大部分的時間，工作、家庭，甚至連生活動線，也
需隨之做大幅度的調整來配合。在世界各國，乳癌都高居
女性癌症榜首，儼然成為一個影響社會、家庭至為嚴重的
麻煩疾病。

在西方國家，幾乎所有醫學院校及較大醫院，均設有
乳癌診治中心，集中診治乳癌病患，每年並針對數千萬計
的乳癌病例，做治療與研究的發表。由於乳癌的診斷、追
蹤、治療，長達數年，與其說是一個病，不如把它也當作
是一種生活、當作一場人生被強迫選中、不得不上場跑下
去的馬拉松競賽吧！

改變現有的醫療方式、思考模式
才有可能突破、才有可能超越

還記得二十年前吧，為了挑戰自己對疾病醫療的更上
層樓，毅然絕然從西醫算熱門的內外婦兒四大科中的婦產
科，轉換跑道到冷門的中醫科，並從基層的住院醫師重新
做起。當時的陽明醫院院長非常驚訝：「為什麼你要放棄

好好的婦產科主治醫師不做？去做一個目前醫院沒有這個職缺的中醫科住院醫師呢？而且即使完成中醫住院醫師訓練後，因為沒有這個工作職缺，不但無法再在醫院工作，而且你會喪失公務人員任用資格！」

因為當時全台北市的醫院，僅台北市立和平醫院有中醫部（即現在台北聯合醫院中醫院區前身），除薪水少了一大半之外，從可以主導開刀、收住院的主治醫師，轉換成僅止於跟診、看少少病人的住院醫師，就算學了中醫，日後除了自行開業，以當時中醫職場的氛圍，實在看不出有什麼「錦繡前程、康莊大道」可言。

但在診間，當面對無法治癒宿疾的婦科病人，她們哀哀無助的眼神，讓我心中不斷的自問：「真的醫療極限就只能這樣？沒辦法徹底治療了嗎？真的沒有其他療法的選擇了嗎？」這樣的掙扎，交織著自己一天天加深的無力感……「改變，是唯一的出路！」我清楚告訴自己：「改變現有的醫療方式、思考模式，才有可能突破，才有可能超越，才有可能得到身為醫家的無愧、與能救人於水火中的喜樂。」

如果改變是一件對的事，那麼前途將是荒漠？或是甘

泉？收入跌回基層的起薪，專業領域要重新開疆闢土，就
已經不再是我考慮改變的顧慮了。回想起這件事，讓我深
深感動的是我開明的父母、賢慧的妻子，他們並沒有因為
我一個未知的職場生涯賭注，而給我世俗的壓力；相反
的，是支持與一意相挺，謝謝家人的肯定與信任，這也是
為什麼我會在我的每本著作上，必加上：

　　謹以本書，獻給我摯愛的父母；及親愛的妻；和我們
的兒女！

　　這次的職場洗牌，重新來過，讓我領悟到「大破大立」
的真諦：

　　世事如此，除弊需要「大破」，才能有新生重建的「大
立」；那麼為讓病人能得到更好的治療模式，中西醫的攜
手合作，何嘗不是如此？
　　面對乳癌這般難纏的疾病，「大破大立」這四個字，
也傳神了這本書「中西醫併治」的精神：西醫不論是手術
或化放療，無一不是在對身體進行「大破」，而中醫隨行

的枕戈待旦、重整再建，不就是一個「大立」嗎？

賈愛華教授
為什麼要與我合寫這一本書

　　為什麼賈愛華教授，這位有卓越生理學基礎研究的科學家，在罹患乳癌之後，尋求了中西醫併治的模式呢？

　　應該這麼說吧，身為資深生理學教授，賈老師很清楚面對西醫的所有療程，將會發生什麼樣的狀況。她努力想讓自己能少受點辛苦，即便生病了，也希望能保有一個「基本」的生活品質，不想讓病痛擊垮、打趴了自己。

　　在接受了中西醫整合治療後，賈教授驚訝發現：在一波波的接續療程中，與其他同為乳癌的病友，竟有那麼大的不同？並一再以「打破砂碢問到底、還問砂鍋在哪裡」的窮追不捨精神，追問為什麼中醫可以做到這樣？為什麼中醫可以做到那樣？有一天，賈教授提議：「我要以自己親身經歷的體驗，與乳癌的病友分享，其實大家都可以有更好面對疾病、醫治疾病的方向，我們就來合寫本中西醫併治乳癌的書吧！」

　　若真要寫書，我心知肚明，賈教授勢必將重新「回顧」

一路走來的驚濤駭浪、無助悲傷……「如果妳決定了要寫，就把這回寫書，當作是心靈深處，一次刨根究柢的徹底釋放吧！」雖然，我先打了心理建設的預防針，剛準備動筆時，賈教授也很放得開：「可以的啦、沒問題。」可是當她重回到那個石破天驚的宣判，許多當時暗自強壓抑下的痛苦、失眠、害怕、無助哭泣，種種負面情緒，毫不留情的奔騰襲捲而來……

　　我刻意交代書的鈴慧主編：「妳千萬不要催稿、不要給賈老師任何出書的壓力，讓她自己慢慢走過去，如果——」我還做了打算：「賈老師真的寫不下去，我們就當沒出書這件事，別再提了。」那段時間，賈教授來門診，我會半開玩笑的勸：「別勉強自己去寫，別讓自己又陷入當時的恐懼中難以自拔，這會是在給我壓力喔；不過，如果妳真的能走出來，那妳自己將會發現，一個隱藏版的賈愛華，是那麼越挫越勇，妳將會變得更豁達開朗！」

　　結果，不好意思的是，賈教授還比我先交稿：「能在九月出版嗎？我想把這本書，當作送給自己最棒的生日禮物！」賈教授和鈴慧商量，他們很快的同一陣線達成共識。接下來，換我被緊迫盯人的催稿，只差沒被「照三餐

請安」。然後，這本《中西醫併治・夾擊乳癌》，就如賈教授所願，在九月上市了。

　　賈教授，生日快樂，要繼續加油！

第一章

眞的輪到我了

積極面對，搶救自己

賈愛華

　　我第一次讀到「乳癌」這個名詞，是在念小學的時候，由老師提供的《中國婦女周刊》上，看到這個新鮮的名詞。當年我才小學五年級，身體才正在發育中，所以對這個名詞感到非常好奇，原來，乳房長了叫「乳癌」的腫瘤，可能是會致命的。

　　原本，我們東方人有這個疾病的人很少，主要是流行於西方婦女的疾病。以第二次世界大戰後的日本婦女為例，發現移居美國的日本婦女罹患乳癌的比率遠高於日本國內的婦女，可能的原因是東方人本身，對肉類與脂肪的攝取量比較低所致。因此在我的腦海裡，乳癌應該跟東方人沒什麼關聯性，因為我們吃的食物不同。

　　不知道什麼時候開始，有關乳癌的報導，不斷出現在廣播電視、報章雜誌上；乳癌居然在臺灣成了婦癌的第一

名！到底發生了什麼事啊？在辦公室的長廊上，從盡頭的每個辦公室算起，男同事的妻子們，陸陸續續的發現體內乳房有了腫瘤的存在；樓上正上方的年輕女教授，也因乳癌而提早退休；辦公室正對面的新進所長，他的妻子也是我的學生，居然年紀輕輕的也得過乳癌……這些身邊同事不斷的罹癌的消息，真是駭人聽聞。

　　依照這個熱鬧程度，我心中不免嘀咕著：「我應該不會也在劫難逃吧？」但也因此，在 2009 年年底，主動向校方的護理站登記乳房健康檢查。沒想到報告出來，居然通知我：「乳房有異物，需要進一步做乳房攝影檢查！」

　　原來在臺灣的婦女們，年齡超過五十歲後，每兩年由國家健保支付，可以免費做乳房攝影檢查一次；校護通知我：「已為您安排了免費的攝影檢查，但是 2009 年的免費檢查國家配額已經用完，可以改安排您使用 2010 年的健保配額登記嗎？」

　　怎麼是這樣？有異物，需要進一步做乳房攝影檢查？看來我也輪到了——可能、乳房真的有問題了！生理學專業告訴我，該當機立斷去面對問題。在 2010 年一月中，就近到振興醫院做乳房攝影檢查，卻在那個星期的周末假

日，接到醫院來的緊急電話：「有惡性乳癌，需要立即回診再做更進一步的檢查。」

超音波檢查的結果，確診是罹患乳癌，這個晴天霹靂的消息，真是狠狠的當頭一棒，打得我和全家人都震傻了。丈夫泛著淚喃喃自語：「沒有了妳，我要怎麼生活下去？」是啊，雖然孩子大了，展翅離巢，開創屬於自己的人生；但面對髮鬢斑白老伴的慌亂，依然是百般不捨，我該怎麼做才能救我自己？難道乳癌就是我生命盡頭的宣判？

身為一個生理學科教授，我很清楚將面臨的西醫療程與步驟，尤其是術後的調養，牽動著接下來要面對下一階段化放療的「體能作戰」。如果，不想讓自己一路飽受痛苦折騰，那麼——

在西醫的「除惡務必趕盡殺絕」下
是否該積極尋求將殺傷力盡量降低的「戰略」

拿起電話，我撥了正與我在一起合作做研究計畫的夥伴，傳統醫藥學研究所賴榮年教授的手機號碼：「我得了乳癌。除了西醫能做的治療外，從你所熟知的中醫學來

看，有什麼可以幫我、救我的？」

　　賴榮年教授要我立刻去看他，而且一定要在手術之前，他嚴正的交代：「開始調養，準備作戰！」

　　家人有罹患乳癌經驗的同事，聽到我得了乳癌，一再好意來叮嚀提醒：「事不宜遲，盡快安排手術，趕緊摘除病灶。」而且得知訊息的諸親朋好友，相繼熱心的提供就醫所需的相關醫療資訊。這時的我，只能先拚命冷靜自己與家人，坦然地接受忠告、盤算如何立即付諸行動，把「克服癌症」視為我當下該緊急處理的第一件事，要求自己審慎不得有誤，要好好的面對處理。不期而遇的惡性乳癌，絕對不是我的人生目標！

　　我一輩子誠意、正心、明明德、位於大學之道、心繫於一地，努力於自己研究專業、尚未有所成，怎可甘心就此一蹶不振的挫敗，在往後的日子裡困坐愁城、暗自頹喪？我得抬頭挺胸、步伐昂然的勇往直前、迎向接踵而來的背水一戰。我當下便清楚的下了決定：同時接受一切中西醫的專業併治，需穩紮穩打，讓自己在乳癌的療程上得到更多的醫療照拂，專注每一步的進展，為延續自我的生命而奮鬥！

生理學科的資深教授告訴我：「臺北市天母、士林、北投區，是臺北市罹患乳癌比例最高的區域，位於臺北市的第一名。」這可能與婦女的工作壓力有關，因為士林北投區是文教與大型的教學醫院等所組合的職場。因而這個區域的職業婦女比例比較高，生活壓力也比較大。工作壓力大家都有，難道就因如此，即可成就為乳癌的第一名嗎？

難道我真沒任何徵兆顯示或壓力
該懷疑自己得乳癌嗎

嚴格來說，第一是我的生活作息非常不正常，喜歡晚睡晚起，半夜還要來個豆漿燒餅宵夜。發病的前三到五年，升等的條件年年修改，水漲船高，條件越定越嚴格，為了要擠升等教授，趕寫升等用的學術論文速度得加快，晚上都得在辦公室待到三更半夜很晚才能回家。但是事情進行得並不是很順利，國科會計畫也不是很好拿，常常有一搭沒一搭的帶著學生做實驗，每天都在想，如何運用我科學邏輯的極限，用最少的時間，花最少的錢，探勘研究上的重大問題。

　　因為經費少，錢更需要花在刀口上，使得我常常需要費盡心思在國際學術的資料庫中探索，尋找靈感，寫論文的時候，需要更小心引用他人文獻於正確的討論。為了避免投稿時踩到地雷，讓審稿員提出更多要求，迫使我得花更多的研究經費，補充更多的實驗，才能脫穎而出獲得刊出；往往我需要耗盡好幾個夜晚努力工作，才能在網上找的到所需的一篇關鍵文獻，這才使我論文在「宅經濟」下，用最少的造價得以發表。這難道不是我的壓力嗎？

怎麼不懷疑可能是身體有毛病產生
卻誤認為是面臨更年期與老化的症候群

　　我常常都在疲憊狀態，覺得自己體力越來越差，卻不懷疑可能身體有毛病產生，認為這是年齡大了，誤認為這是「面臨更年期」與「老化」應有的症候群吧？

　　我常常都覺得腰痠背痛，尤其是右手容易受到拉傷，我也只把它當成五十肩發作，大家都有的毛病，所以當醫師指出我乳癌的腫瘤位置時，還反問：「妳怎麼都沒摸到過？」

　　這真是很糟糕的事，醫師拉了我的左手，放在病灶位

置上：「摸摸看吧！」哇！果然有一個不小的腫塊，在右乳的鐘錶十到十一點的位置上。唉！爲什麼我一直都沒發現這個位置有腫瘤呢？是因爲靠近腋下？也可能因爲我手臂常拉傷吧？平時這裡就很痛，所以總避免去觸摸這裡的痛處、所以不知道這裡面埋了一顆炸彈。

醫生告訴我：「妳已經是符合向國家申請重大傷病卡的病人，我開立證明給妳，去醫院相關單位登記，向健保局申請重大傷病卡。」我的重大傷病卡下來了，往後的 5 年內，我進出國家任何一間一級病院，享有特別優惠的掛號費，因爲得了癌症必須常常出入各大醫院進行各方面的檢查。例如，臺大或榮總有了重大傷病卡，僅收掛號費 100 元，而一般民眾則需收 490 元，但是如果去二級市立醫院，掛號費一般是 290 元，有了傷病卡僅需付 50 元的掛號費，沒想到全民健保有如此貼心的服務。

事已至此，只得服從醫師安排，在大年初二入院開刀。在這之前呢，該如何準備應戰？感覺要像花木蘭代父從軍忙著武裝自己，準備錢、調養身體、做心理建設與安住靈魂。這些看起來容易，事到臨頭，面對考驗時，要做起來，實在是眞的滿難的！誰會願意對外宣布：自己有重

病，使自己失去社會競爭力？但是我的直覺認為：我是值
得大家搶救的！畢竟我在職場的專業領域、家裡，只有一
個寶貴的、獨一無二的我，值得大家分享與擁有。

上網學習別人經驗，準備作戰
從發現乳癌到手術摘除，不到兩周就完成

看了很多知名的乳癌患者在網路上發表的文章，談到
化療的經過，真是像去了一趟十八層地獄，既上了刀山又
下了油鍋，副作用很大，全身會產生燒、燙、痛的「魔
考」，讀完了之後，更不知道該如何面對，我完全睡不
著──不知輪到我上陣的時候，將會是如何光景？能不能
平安度過？

我失魂落魄、不想回家面對可怕的現實，一個人在外
到處慌亂遊蕩，向四周散發訊息：「我得了乳癌該怎麼
辦？」甚至跟松青超商收銀機的小姐吐苦水，居然有一個
從事高科技的中年男士，聽到我們的對話，推著他的採買
車朝我們衝過來：「妳得要去買 L-glutamine 的胺基酸粉
來吃，因為我上網搜尋到這得來不易的資訊，提供給我癌
症化療的哥哥吃，效果不錯。」他熱心的提醒：「網路買

比較便宜，大約一千多元，健康食品店非常貴，1 磅要到四、五千元。」

　　我一到家立刻上網去查，原來 L-glutamine 可以維持口腔與消化道表皮的完整性，尤其是使表皮上的鈉氫交換蛋白的活性會增加。還好對同學們，我一向「愛學生如子」，我就向研究生們撒嬌，請他們幫我上網去買 L-glu-tamine，果然有個賣家他買了過多的 L-glutamine 用不完，因此在網路刊登要賣的資訊，學生幫我一口氣訂了12 瓶，每瓶 300 克由玉米萃取出來的 L-glutamine。

　　我總懷疑，在我生活的周遭環境，應該是少了什麼？或多了什麼？在臺灣這塊土地上，是不是少了什麼我生命所需要的微元素？如果可以的話，我一定要出國走走，去接觸其他的大地，尋找生命所需，避掉所多潛藏、尚不可知的危險因子。

　　乳癌門診的候診室，總是有那麼一堆姐妹淘，年輕的、老的都有，年輕的像初中生，才剛剛發育就得乳癌，也有七八十歲的老太太才得乳癌，而我呢？已經近六十歲的人了，身體不知道發生什麼變異，把好端端的細胞折磨成癌細胞，到底我們這一群人，是怎麼照顧自己的啊？碰

到乳癌這個疾病，有些病友，滿臉憂鬱，有些病友，仍能談笑風生，互留電話彼此鼓舞打氣。

在手術前，必須獲得乳房腫瘤的資訊及所屬的類別，因而必先做腫瘤的活體切片檢查，得知病灶所屬，以便安排手術與術後的用藥處理。沒想到活體切片檢查，是在超音波偵察器的監控下，局部麻醉後，利用粗的針管插入病灶，藉由壓力抽取針管內的組織，當壓力發生變化就可將組織拉斷，自針管抽取出來。因爲自己是從事生理醫學的研究，當下就請求護理師不要把我寶貴的樣本立刻拿走，我有興趣想要看一看，欣賞一下「它」到底是長得怎樣？結果發現玻璃瓶中，盛有三四條像裹著茄汁義大利醬細麵的東西，還挺新奇有趣，忍不住笑了出來。

「我當了一輩子的護士，沒見過有人像妳這麼開心。」護理師擔心的問我：「妳需要幫忙嗎？」我搖搖頭，她接著問：「要年前知道結果？還是年後呢？」

「當然是年前囉。」心想結果越快得知越好，沒什麼好逃避的。

醫師拿走了像茄汁義大利麵細麵的樣本，而我活體切片檢查麻醉藥退後，乳房則腫得像個紫葡萄，當然會痛。

沒想到我的報告居然在年前就趕出來，不到三天的時間就化驗完畢。因此，醫生便登記我大年初二進行手術，因為過年期間手術房比較空閒，何況當時榮總的手術房正在更新設備，可以使用的手術房間較少。使得我從發現乳癌到手術摘除，不到三週就完成了，但我可真的累壞了。

記得手術的當天，醫師一面切除病灶，一面化驗前哨淋巴結是否有癌細胞的出現，而手術那天，是我得知乳癌以來睡得最美好的一天。在恢復室中，完全放鬆的呼呼大睡，覺得很舒服，不肯醒來，直到護理師一直用力搖我的床架：「賈愛華醒來，快醒來，請快醒來啊！」我迷迷糊糊的回她：「我還要睡，我不要醒來。」

「妳不快醒來，我就不能下班回娘家過年！」聽了護理師「嚴詞抗議」，是呀，今天是大年初二，我趕緊讓自己清醒、回到現實，被推回病房休息。醫院一般住院病房每一層有四翼，平常時日一床難求，沒想到因為年節的關係，病患一般不願意待在醫院過年，所以我在住院時，連一層病房的病床都沒住滿。我自己一個人住一間兩人病房，沒有其他病患，整間醫院顯得非常的安靜。

化療的錢需從哪來
參加新藥的免費人體試驗

出院以後，我就經常去陽明醫院中醫部向賴主任報到看診，開始以中藥包蒸氣，熏療開刀的部位，希望能活血化瘀，幫助組織再生。因為接下來將面臨的大陣仗，是要用化療藥物去追殺癌症與乳房的殘餘組織，如果組織再生循環不好，化療藥物就追殺不到癌細胞的餘孽。

只是，真正的好戲還在後頭，乳癌並不因為摘除而完結了，說實話，我也不知道將要面臨的是什麼樣的命運？一直到我的乳癌穿刺檢查的結果報告出來，是第一期乳癌沒轉移至淋巴系統的「HER3+ER–PR+」。「HER3+ER–PR+」的 HER，代表人類表皮細胞的生長激素受器蛋白，ER 是代表細胞質內的動情激素受器蛋白，PR 是代表細胞質內助孕酮的受器蛋白，「+」是代表細胞具有此蛋白，而「–」是代表細胞失去此蛋白。

為了百分之百痊癒，醫師告知我：「妳必須面對所有的療程，包括了化療、放射療、標靶治療。」果然是漫長的一個歷程。為了準備化療，我必須再動手術，在體內安

裝人工血管，因為化療藥物非常的毒，必須注射至大的靜脈中靠血稀釋，減少對體內正常細胞及血管壁的毒害。因此，我得先做人工血管的手術，這還好解決由健保支付。

那化療要的錢需從哪裡來呢？該死的我「心寬體胖」，體重比正常人多半倍，正常體重的人標靶用藥一次需要七萬元，我就至少要十萬五千元一次。雖然貴為教授，月入近十萬元，但是收入都用在家人和房貸上，一時還真拮据。

此時此刻，深深的體會到，什麼是「有錢求生，沒錢只好去死」的滋味。我需要花錢救自己嗎？值得嗎？我的人生夠好嗎？值得這樣奴役自己過下去嗎？醫師等不到我的答案，眼看著就要錯過治療時機，因此他建議我：「要不等一等？去臺大乳醫中心參加新藥的免費人體試驗。」

但是在進行化療之前，傷口必須完全復原，我去臺大乳醫中心回診時，醫師看了我的傷口對我神秘地笑著說：「沒想到動過刀的乳房還這麼巨觀！」當時我真無言以對，這個現象持續了兩三個禮拜，使得乳醫中心的醫師懷疑我傷口內部血管破裂，有漏血的現象，給我一些止血的藥物治療，並用針頭抽去我傷口內淤積的血水，在觀察一陣子

後，結果再用針抽，還是一樣有血液滲漏。

　　化學療程有一定的時機，一定要在手術後規定的時段內達成傷口完全復原，臺大的醫生交代：「事不宜遲，快會診榮總外科醫生，重新打開傷口進行縫合，防止血管破裂滲血。」記得那天我拚了一口氣跑兩家一級醫院，終於在晚上11點半趕達榮總急診室，沒想到我的血管太細了，插了好幾個位置都無法順利進行手術前的血管插管。

　　榮總急診室非常熱鬧，急診的病患很多，都已經近半夜12點了，護士忙累到還沒時間吃晚飯，我眞的也不好意思埋怨什麼。全身上下的血管都已經全部試過了，大家都急得像熱鍋上的螞蟻不知如何是好！這時居然靈光一現，告訴她們：「我有人工血管！」她們聽了開心得不得了，很輕鬆愉快地完成血管插管，讓點滴液順利從人工血管輸送到體內。

　　看到爲我開刀的曾大夫到急診室來找我，這時的我，不禁感激地掉眼淚，天使駕到並護送我至手術房，終於可平安幸福不再滴血了，也深深感動與感激曾大夫的辛勞，因爲這回手術是局部麻醉，所以我可以隔著布簾跟醫生聊天，我問他：「抽到多少瘀血？」他回說：「抽出的血塊可

以裝滿 250 毫升的紙杯。」怪不得臺大乳醫中心的醫師會笑稱：「乳癌病人經手術後，怎麼還會有如此的巨乳？」原來裡面充滿了半公斤的漏血。

　　那天手術到半夜 2 點多才能回家，我的醫生曾大夫還沒辦法下班，因為我在手術中聽到隔壁手術房的醫師來求救：「學長我碰到一個非常複雜的手術，很難處理，可不可以請你到隔壁的手術房來幫忙一下？」這是臺灣醫界的怪現象，健保與制度，並沒有顧及保護炙手可熱外科大夫的健康，福利差、工作時間長、上了刀不知何時能下刀？且外科的醫療糾紛也多，所以一般年輕的醫師都不願意選擇當外科大夫。

　　醫院裡的外科大夫不夠，外行的人評鑑他們時，居然還要求外科醫師們做研究、寫學術報告，這真是件糟糕的事！我認為臺灣不久將嚴重缺乏外科大夫，他們保護我們的健康，而評鑑制度卻搞得他們連喘一口氣休息的時間都沒有。難怪臺大醫院會有外科醫生被操到正在為病人手術的時候，累到心臟病發離開人世。多虧我們臺灣還有中華文化，請問儒家的恕道在哪裡？主管機關有曾對這些學有專精、仁心仁術的外科大夫多有體恤嗎？誰來保障他們的

健康啊？

　　醫師把我的病理切片寄到美國，由美國的研究合作單位鑑定，我是否合乎可收納的研究對象，終於在用藥期限前獲得美方通過，換去臺大乳醫中心做化療；讓我有了免費的治療藥物與保命的機會。

　　記得在要去化療的前一天晚上，我和親愛的家人一起去大葉高島屋百貨公司的地下街共進晚餐，餐後我不想要立刻回家，沉坐在麥當勞攤位的紅色沙發椅上賴著不走；直到打烊前熟悉的音樂〈玫瑰人生〉重複響起，讓我陷入沉思中，不知道過了今天的玫瑰人生，明天的我將是怎樣的人生？難道是「風蕭蕭兮易水寒，壯士一去兮不復還」嗎？

　　往後的日子該如何生活？

　　能面對化療與標靶治療，而不失去本性天眞的我？

　　我的下場是什麼？

　　我會蛻變成自己的陌生人嗎？

　　我該怎麼應對這場作戰？

賴榮年 看診

療程開始前應做的準備

　　有些女孩對於荷爾蒙的敏感度特別高，經期間可能乳房會脹痛，甚至於脹到一個禮拜；或從排卵期後一直脹到月經來時才退。

　　這一類的現象，就很明顯是乳房對於荷爾蒙的變化特別地敏感，因此中醫會認為，她在乳房這裡的氣血循環不是那麼順暢，才會明顯感受到很不舒服，而且不舒服的時間會隨歲月的延宕而拖長。

　　如果這女孩，每個週期都是在受這樣的刺激，當然她的氣血持續在局部不通暢，會有高一點的機會，以後容易在乳房會長一些腫瘤，甚至於有其他的條件因緣際會時，變成是乳癌的病人。

中西醫對乳癌的診斷

　　乳癌是女性最常見的癌病，不同於其他器官的癌症，乳癌是比較容易早期發現的癌症。近年的臨床研究發現：乳癌好好治療，10 年存活率平均達 60%；第一期乳癌治療後的存活率高達 80%；零期乳癌治療後的存活率，更接近 100%，因此早期發現及治療非常重要。

　　一般女性乳部有硬塊，往往羞於告人，又害怕萬一會被切除乳房多難堪？因而耽誤治癒機會；在全世界每年仍約有五十萬婦女死於乳癌，眞的非常令人扼腕。我們一定要對這個癌症有更多的認識，也要知道如何正確的尋求中西醫的抗癌整合療法，才不會在道聽塗說的情形下，一次又一次的錯失良機。

　　乳癌，宛如是一個不受身體的公權力節制、脫序而龐大的黑道家族，不斷在挪用身體的「公款」，與其說它是

一個病，不如把它當作是一場「補給」及「消耗」的拉鋸戰。所以一定要把對抗乳癌，融入生活的一部分，因此很多的生活改變勢在必行，一定要勇敢面對這場馬拉松式的競賽，毅力的堅持，是唯一的贏家！

中醫對乳癌的診斷

中醫到底可不可以治乳癌？

我想這一定是很多人的好奇，不過，有一點是可以確定的，那就是「乳癌也不是今天才有的新病」，在過去數千年，中醫的確也是會面臨到這樣的疾病需要診治。在中醫學的文獻裡，現在的乳癌，我們比照症狀跟發展的病程，比較像中醫典籍中所謂的「乳岩」。

中醫學依經絡及五臟的基礎理論，主張乳房的病症多與肝、胃、心、脾有關。我們且依西醫的解剖位置來對照：

- 發生在乳頭部位的病症，歸屬為肝經的問題。
- 發生在乳房部位的病症，歸屬為胃經的問題。
- 常發生乳核、乳岩等病症，主要導因於心脾鬱結。

分布於乳房的經絡與穴位

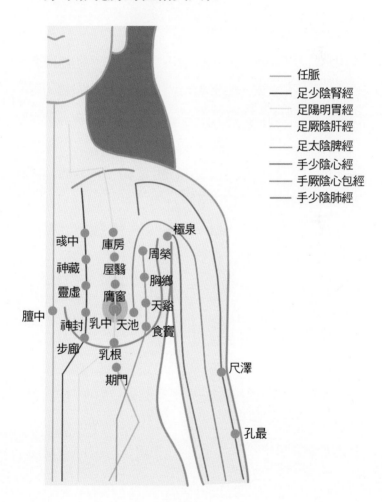

—— 任脈
—— 足少陰腎經
—— 足陽明胃經
—— 足厥陰肝經
—— 足太陰脾經
—— 手少陰心經
—— 手厥陰心包經
—— 手少陰肺經

極泉
彧中　庫房　周榮
神藏　屋翳　胸鄉
靈墟　膺窗　天谿
膻中　　　　　食竇
　神封　乳中　天池
　步廊　乳根
　　　期門

尺澤

孔最

乳核

　　「乳核」就是乳房內摸得到腫塊，可以有多個在一側或兩側乳房出現，呈卵圓形，小的如櫻桃、大的如梅李、雞蛋。乳核旁表面一如平常，但腫塊質地相對堅實，而且皮下脂肪並沒有與乳房表皮黏在一起，因此在做乳房診療時，腫塊是可輕易在乳房內推移的。早在清代中醫典籍《類證治裁》中，就已指出中醫對「乳核」的判斷，與現今西方醫學的「乳房纖維囊腫」，或「乳汁淤積的腫塊」，與乳癌的發展病因相類似，證實中醫學有了與現代醫學流行病學相接近的結果。

乳岩

　　中醫學對於乳岩的描述，古籍中提到：「不痛不癢，人多忽之，最難治療。若一有此，宜戒七情，遠濃味，解鬱結，更以養血氣之藥治之，庶可保全，否則不治。亦有數載方潰而陷下者，皆曰乳岩，蓋其形似岩穴而最毒也，慎之則可保十中之一二。」這便是對現今乳癌病症的描述。

中西醫的所見略同

中醫學認為乳房的腫塊，病程發展有時緩慢，有時發展數年後才開始感到乳房腫塊的疼痛，或甚至十數年後，乳房腫塊才因擴大而破潰出來。等到一旦感到疼痛時，求醫則已太遲，若是腫塊破潰出乳房的表皮或穿入肺腔，則為不治之症。而這些描述的病症，與現今的乳癌病症頗為吻合。

乳癌剛開始時，只是小小的一顆癰結腫瘤，在中醫裡會歸屬於是乳房的腫塊，中醫學沒有切片的診斷，的確不一定敢斷定那個腫塊就是乳癌。所以當乳癌腫瘤大到破口出來的時候，中醫在過去的診斷稱之為「乳巖」，而這個乳巖以目前的乳癌期別來看，都可能是第四期以上了。

我的意思是說，中醫當然也會看得到乳癌，可是在過去女人相當保守又避諱，不會主動去求醫問診，或是等她求診時已經比較嚴重了。加上古時男女授受不親，也不可

能會有觸診的機會，所以過去中醫診治乳癌，典籍中記載的醫案，多屬於末期的現象，且往往都沒有一個完整的病案。因此我並不認為，單用中醫來診治乳癌，是一個最理想的診斷方式。不過從中醫的體質辨識來講，是可以提早針對高風險體質的人來做一些預防，比方說肝經鬱結的人，就必須要提高自我警覺。

　　從臺灣的流行病學調查可以看得出來，在 2000-2010年，這十年臺灣乳癌的西醫治療各種手段，不管是手術、放、化療，是進步的。流行病學報告顯示，大致上延長了乳癌病人的存活年齡平均將近六年。意味著這十年的西醫治療，有一定程度延長了乳癌病人的存活率。我們從另一個角度看，若是能沿用中醫古籍中的治法，加上西醫的先進科技，使得病人存活的年限能被延長，且生活品質能變得比較好、少受些療程中難以避免的副作用及辛苦，難道中西醫不該整合併治嗎？

乳癌不同期數的轉輾

　　我個人的主張是，以目前西醫的乳癌治療方式，5 年的存活率可以接近 100%，以這麼好的治療存活率而言，

在這個階段，病人應該及時尋求中醫的介入，一則調養體力，再則修補受損的體質，能讓乳癌的預後往好的方向恢復。

我認爲，不論是乳癌在第一期或第二期，只要確診了，便該應積極尋求中西醫併治的時機。因爲中醫的介入，會使病人能夠維持比較好的體能狀況，去面對接下來的療程，不管是病人在接受手術，或是放射療法，或是化療之後，所導致的各種不適，比如掉頭髮、倦怠、失眠、噁心嘔吐、食慾不佳、虛弱不堪等等的各種極不舒服的症狀。

當乳癌進到了第三期或第四期，即使目前有很多的乳癌各種療法，但也明顯的看到，病人 5 年的存活率，實際上是大幅的下降。尤其是到乳癌第四期的時候，5 年的存活率實際上是只有 20%；意思是說，如果是第四期的乳癌，病人已經過了一些侵入性的治療，而且度過了一段不算短的時間、歷經了激烈的治療手段，實際上能夠存活的人，也不過是五個才一個。

這個階段的病人，當然會有比較多的焦慮，認爲如果存活不到 5 年，而這期間又有一大半時間，都在接受非常

不舒服的治療；雖然活著，可是生活品質很差；會讓一些乳癌的病人打退堂鼓：「我要不要再繼續承受這樣痛苦的療法？」

我必須強調，中醫藥在對治乳癌，不管是從早期輔助「固本培元」的調養體力，或是面對後續西醫較為激烈的療法，中醫藥都可以幫助乳癌病人減輕痛苦、降低復發機率，或是改善化放療後不舒服的症狀。起碼在存活率及改善生活品質部分，我認為中醫學在其中，佔有一定的相輔相成地位。

中醫治療乳癌時的特別關注

一是病人體質的準確判斷，這才有可能讓乳癌的病情只困在「局部」地方，處在「停損」的狀態，不會向外去迅速的拓展，或一再吞噬、消耗病人身上其他的體能資源，而使得病情陷入更惡化的階段。

二是治療這一個「人」，治病之外，這個病人的整個

身心靈，都必須被細心顧全周到，才不至於讓療程中排山倒海而來的副作用，一再堆疊成壓垮病人的最後一根稻草。

三是中醫在治療乳癌的時候，會去注意到被西醫忽略掉的「病人體質改變」問題，當乳癌病人在接受過化、放療後，實際上會引起體質上的變化，而這些變化，是中醫要慎重其事去考量，該如何幫病人調養，讓她比較能有承受完療程的體能，回到較不受內外交逼的體質。

西醫對乳癌的診斷

成年人身上約有四十兆個細胞，這許多細胞都是從一個受精卵細胞分化而來。奇妙的是，正常細胞接受基因控制，循著正常的分化途徑，組成組織器官來發揮作用，期間大量進行增殖、分化、成長、老死的過程，是怎麼辦到如此精細的分化？又是如何處理可能產生的錯誤呢？

獲得 2001 年的諾貝爾生理學或醫學獎的三位科學家美國 Leland Hartwell 及英國的 Paul Nurse 和 Timothy Hunt 發現控制細胞複製（cell cycle）的分子，解開控制細胞分裂機轉，對人體奧妙的設計，寫下了新的一頁。本

來正常細胞分化週期包含四個階段：

第一階段（G1）為複製前期

這時細胞會成長變大，當達到一定尺寸時，細胞就進入分化第二階段（S）複製期。

第二階段（S）複製期

位於細胞核內的去氧核醣核酸（DNA）、染色體會合成複製出一模一樣的一套。

第三階段（G2）複製後期

細胞會檢查其複製工程是否完備，如果複製完成，就進入第四階段（M）有絲分裂期。

第四階段（M）有絲分裂期

染色體會分離開來，原本的細胞也會一分為二，而這兩個細胞便包含完全相同的染色體，簡言之：

- G1 和 G2 期（第一和第三階段）是細胞生長期。
- S 期（第二階段）是細胞將細胞核內的染色體複製

時期。

● M 期（第四階段）是細胞進行有絲分裂，或減數
　分裂的時期。

　　對於這樣好像自然而然在運作的週期，西雅圖福瑞德
哈金森腫瘤研究中心總裁 Leland Hartwell，提出檢查點
（check point）的觀念，他認為細胞週期中，有一些特定
的檢查關卡，當細胞分化週期的階段中，需通過這些關卡
的檢查，才能繼續往下一階段進行。

第一個關卡：G1 的晚期

主要檢查細胞的大小、營養情形、DNA 有無受損等。

第二個關卡：G2 的晚期

主要檢查細胞的大小和 DNA 是否完全複製。

第三個關卡：有絲分裂 M 期

　　主要檢查染色體是否附著在紡錘體上，為了確保細胞
分裂時，能將染色體拉到分裂後的細胞中。正常運作的情
形下，當沒有通過第一個關卡時，細胞會被限制於 G0

期，等待能將染色體拉到分裂後的細胞中，正常運作的情形下，沒有通過第一個關卡，待受損的 DNA 修補完後，才會放行進入下一階段。

　　細胞週期檢查點扮演了製造過程監督的角色，只要細胞尚未做好預備複製、分裂的話，檢查點就會一方面停滯週期蛋白的功能，另一方面則可以爭取更多讓細胞有充足準備的時間。對於那些有重大異常，而在 M 期遲遲無法順利進行分裂的細胞，則會安排走向細胞凋亡，這是一個製造細胞品質保證很重要的關卡。

　　三位科學家的研究發現，在細胞分化週期中有兩個關鍵因素，即是：

- 週期素（Cycline）
- 週期素依賴性激酶（Cyclin-dependent kinases，CDKs）

　　週期素其實是調節細胞週期的一群蛋白質的家族，分別在細胞分化各個時期，各有不同的週期素所調控著，此家族包括有：cyclin A（S 期→G2 期），cyclin B（G2 期→M 期），cyclin D（G1 期→S 期）及 cyclin E（G1 期→S 期），而每一個週期素成員，都有一個激活週期素激

酶（Cyclin-dependent kinase；CDK）的細胞週期蛋白盒
（cyclin box），不同的週期素激酶在細胞週期的不同階段
被活化來執行檢查站的功能。例如：

- cyclin D 激活 CDK4 或 CDK6 掌控 G1 期的細胞
  生長。
- cyclin A 及 cyclin E 激活 CDK2 調控染色體複製。
- cyclin A 及 cyclin B 激活 CDK1 調控有絲分裂和
  減數分裂。

　　以 S 期要進入 G2 期爲例，像汽油的週期素（Cycline）
加到汽車引擎的週期素，依賴性激酶（Cyclin-dependent
kinases，CDKs）之後稱爲成熟促進因子（Mature Pro-
moting Factor，MPF），促使染色體開始凝集。當成熟促
進因子（MPF）濃度升高到使細胞由 G2 期進入 M 期，
細胞分裂結束後，週期素（Cycline）被分解。人體是一
台龐大而又精密無比的藝術品，隨時各器官都在進行速度
不等的增殖、分化、成長及老死，而且有很好的監控機
制，的確令人嘆爲觀止。

人體是需要不斷的維修

　　無論是因為生活、工作所需，或因休閒、飲食習慣等等的因素，部分細胞因為內在（如基因突變）或是外在的刺激（病毒感染、放射線、有毒致癌物），使得基因控制方面出現變異，如：啟動致癌基因（oncogene），或是破壞抑癌基因（tumor suppressor gene），因而脫離正常的分化程序。

　　所幸身體的糾察隊──免疫系統，常能準確的鎖定這些不正常的分化，將其消滅，或是啟動「凋亡」（apop-tosis）基因，令脫序的細胞自然死亡。但是人體有那麼多的細胞，也無法精密到完全不出錯，不過還好雖然許多細胞在生成時發生變異，但是真正脫序又能逃避糾察隊撲滅而變成癌細胞的，卻很少。

　　癌細胞之所以可怕，是因為它在身體的生長、增殖、分裂時沒有「天敵」，完全脫離身體的監督機制；因此，

當然就無限制的增殖下去，而多到堆疊成腫塊。並且還會循著可能的管道如淋巴系統、血管，直接侵入鄰近的器官跟組織，或是轉移至其他器官組織。因此癌細胞是在局部，或轉移的器官上無限制地增殖，並快速消耗掉正常細胞所需維持正常功能的各種營養成分，導致器官組織受損。簡言之，癌細胞就像社會上的黑道惡勢力，當公權力對他們魚肉鄉民、攔路強取毫奪的坐吃山空行爲沒轍時，我們的身體終究因爲沒有生產力、國庫空虛、無法維持防禦而被恐怖份子蠶食鯨吞而亡。

為什麼乳癌會找上妳

　　了解疾病的前因後果，一直是醫學界很重要的科學研究項目，因為若能把某個病的來龍去脈推算得越準，那個病就越能被預測及早期被診斷。甚至於預防它的發生。有這些症狀的女性朋友，都算是乳癌的高危險群：

- 初經來得太早，使得整個初經到停經的有月經週期，年限變長。

- 沒有生產過；因懷孕時會停經 9 個多月，或產後有哺乳的婦女，停經期會更長。

- 停經年齡超過 55 歲，整個月經週期年限長。

- 長期服用避孕藥，服用過多非身體所需的荷爾蒙。

　　許多婦女都很想要知道，乳癌可不可能「事先算出來」？當然可以，這其中包括的因素有：

家族病史

英國臨床照護實證指引（The National Institute for
Health and Clinical Excellence，NICE）指出：家族病史
肯定是一個很重要的參考指標！

這些 2 倍機率風險的族群

只要符合下面六點的其中任何一點，就代表這位婦女
至少屬於中度乳癌發生風險的族群，發生乳癌的風險，是
一般大眾的 2 倍。

- 母親或姊妹其中一人，在 40 歲以前罹患乳癌。
- 兩位近親罹患乳癌，其中一人是母親、姊妹或女
  兒。
- 三位近親罹患乳癌。
- 父親或兄弟其中一人罹患乳癌。
- 母親或姊妹其中一人，兩乳皆罹患乳癌。

● 一位近親罹患乳癌，及一位近親罹患卵巢癌，且其中一人需為母親或姊妹。

　　因此定期、規律的自我檢查，定時到醫院做乳房檢查，應成為生活的一部分。從中醫的角度，這些屬於先天體質的部分，當然也可能由於親近的關係，起居、飲食、運動習慣或生活大環境等都很接近所導致，中醫在這方面的看法與西醫不同，後面章節會再說明，其實我認為中西醫意見很可以合併評估，對整體病情的研判，會更準確些。

年齡

　　與所有的癌症一樣，年齡是一個重要的因素，這應該很容易理解，一台再精密的儀器，使用年限越久，則發生故障的機會當然就增加了，細胞分裂的次數越多，也就增加發生細胞調控失序的機會。根據我所整理的資料顯示，美國高加索女性，相較於 35-39 的年齡、40-44 年齡的乳癌發生率，陡然上升 2 倍之多。而我發表在國際期刊《PLOS ONE》的研究則顯示：臺灣女性相較於 35-39 的

年齡、40-44 的年齡族群，乳癌發生約上升 1.67 倍，雖然年齡的影響沒有白種女性明顯，但值得關注的是，乳癌在臺灣有年輕化趨勢的現象，國內乳癌的專家們一直都積極的在研究其可能導致的原因，個人淺見，我認為飲食的添加物或環境荷爾蒙，可能是佔了一定比例的推手。

荷爾蒙

三十年前，我追隨當時婦科癌症大師徐千田教授的得意門生莊仁德醫師為師，學習婦癌手術，記得當時老一輩的婦產科前輩，基本上相信：「服用女性荷爾蒙會致癌！」因而門診中不太開過多的荷爾蒙給婦女服用，也不鼓勵更年期後，長期用女性荷爾蒙來「調理身體」。我的婦產科養成背景如此，所以二十幾年來，我在婦產科門診也秉持這個理念，盡量少開立女性荷爾蒙對更年期病症做「調理性」的治療。

國內婦產科界截至今日為止，仍持兩派看法，後來當我加入中醫藥療法，而不用含有荷爾蒙的方式來調理更年期婦女時，我甚至研發出一個治療更年期症候群的中藥專利，當然就更不建議婦女使用女性荷爾蒙來「調理身體」。

很開心的是，這種公說公有理，婆說婆有理，連病人也混淆的療法，在行醫二十幾年後的今天，我用我的研究證實自己一直堅持的理念是對的！

從國內婦女服用女性荷爾蒙資科庫分析發現

國外研究已發現，服用雌激素與黃體素合併的處方，會增加乳癌的發生風險，因此國內婦女已經有很高的警覺性。而且婦產科門診會要求病人至少 3 個月要回診拿藥，同時評估用藥後的狀況。

在這樣仔細照顧之下，我發現服用雌激素與黃體素合併的處方，不例外的、的確顯著增加了 20-79 歲婦女的乳癌的發生風險；且即使在停止服用的 1-3 年內，她們乳癌的發生風險，仍較不曾服用荷爾蒙的婦女來得高。

再進一步分析，我發現服用一樣年限雌激素與黃體素合併處方的停經後婦女，乳癌發生風險，竟較前述有月經的年輕婦女，又高出了 6 倍之多。

　　這個研究成果發表在國際級的科學期刊，並獲邀於
2012 年婦產科醫學年會的口頭演講，並於同年獲徐千田
防癌研究基金會年度優秀論文第一名。我想，臨床照護使
用荷爾蒙，必有其一定的規範，而醫學研究的可貴，在於
提醒臨床照護上，應有更謹慎的用藥方向。

　　這些論述在在說明，臺灣婦女服用不是自己身體製造
的荷爾蒙，目前建議的使用劑量會增加乳癌的發生風險，
我猜測此現象乃由於我國婦女身材相對高加索女性嬌小，
因此目前的建議使用劑量可能相對偏高所致。

　　同樣的觀念，若乳腺組織泡在身體自行製造的荷爾蒙
時間越長，增加了血中雌激素、睪固酮濃度，進而活化雌
激素受器（estrogen receptor，ER）路徑，使得到乳癌的
機率也一樣會越高。

職業

　　做什麼工作，也會跟乳癌扯上關係？或許讀者朋友會
有些驚訝，不過，的確如此！
　　從流行病學的調查發現，有些職業是有較高的乳癌發

生風險，其中之一就是教師。加州教師協會於 2002 年追蹤 133,479 位加州女性教師的研究發現，女性教師乳癌的發生風險較非教師的女性高，於是這個協會到了 2013 年，陸陸續續發表了 34 篇相關的科學論文，想解開這個令人疑惑的發現，但顯然至今並沒有一個令人滿意的答案，目前的推測，認爲可能是加州女性教師較晚生第一胎的關係，而賈教授觀察到好幾位校內教授或其夫人也發生乳癌，是否其原因雷同，不得而知；不過，總之是一個令人疑惑的流行病調查結果。

　其他的行業包括有空姐、需輪值夜班性質的工作，芬蘭、丹麥和部分美國研究指出，空姐平均每年接受輻射劑量約爲 0.2-9.1 毫西弗，飛行次數頻繁、年資長的空姐，乳癌的發生風險明顯的高於其他行業。其次則爲同樣需長時間搭機奔波的「女性導遊」和「女性商務人士」，懷疑跟常照射空中輻射、時差紊亂等原因，致使乳癌發生率足足是地勤人員的 2 倍。

　根據我國勞工安全衛生研究所，調查「全國受僱者資料」顯示，女性從事輪班工作者，佔所有女性工作者 20％之多，主要從事醫療保健、社會工作服務業、藝術

娛樂、休閒服務業、旅遊業、餐飲業、批發零售業等。而
過去的研究也指出：夜間工作者睡眠時間約為 4-6 小時，
比起日班工作者的 7-9 小時，相較之下明顯少了 15-
20%。依照這些道理，本書的另一位作者賈愛華教授，因
怕吵，喜歡夜深人靜時撰寫科學研究成果，基本上，就犯
了中醫講究的「日出而作、日入而息」的生活起居養生觀
念，也可能因此增加了自己罹患乳癌的風險。

 日夜顛倒的生活習慣

　　由於輪班導致日夜作息紊亂，而白天睡覺並無法完全
補充不足的睡眠，因此夜間工作者經常有慢性睡眠剝奪的
情形發生，常會導致：

- 擾亂體內代謝及內分泌功能，出現血液中的總膽固
  醇、低密度膽固醇、三酸甘油脂數值較高的現象。
- 腸胃方面也常罹患胃潰瘍及十二指腸潰瘍。
- 月經週期不規則。

這些都是直接或間接影響到她們的免疫力，及上升乳癌發生的風險。

糖尿病

根據 2000-2010 年，10 年間的研究發現，有糖尿病的婦女，會比沒有糖尿病的患者多 23% 的乳癌發生風險，尤其是停經後婦女上升的風險更高。這種相關性在歐洲女性較美國及亞洲女性明顯的高，在我的研究中，也同樣顯示臺灣婦女糖尿病爲次於服用女性荷爾蒙，及年齡的一個發生乳癌重要因素。

胰島素

是由胰臟分泌的荷爾蒙，正常人的胰臟是根據血中葡萄糖的濃度來分泌胰島素，血糖上升會刺激胰島素分泌，相對的血糖下降會抑制胰島素的分泌，經此調節機轉，使血糖可維持在正常的範圍。胰島素可以促進細胞膜上的葡萄糖載體，將葡萄糖轉運入細胞，提供細胞所需的能量，並且促進肝臟細胞和肌肉細胞，將葡萄糖轉化爲糖原，促進細胞從血液中攝入脂分子，並轉化爲三酸甘油脂，促進

脂肪細胞將脂肪酸酯合成為脂肪。

　　胰島素也可通過控制胺基酸的吸收，來增強 DNA 複製和蛋白質合成，這些是細胞在有規範的條件下，進行生長、分化所需的材料及工作，當我們身體不再分泌胰島素、胰島素分泌不足，或是胰島素不能夠被身體所利用時，就會出現糖尿病。可能的機轉有糖尿病患者血中胰島素高，或血清酯聯素下降（adiponectin levels：由脂肪細胞所分泌的蛋白質），這個訊息經由胰島素接受器（insulin receptor，IR）或類胰島素生長因子 –1 接受器（insulin-like growth factor-1 receptor，IGF-1R）的傳遞，去活化了 extracellular-related-kinase (ERK) and the AKT pathways，而 ERK 及 AKT，為與乳癌細胞增生、擴散相關的重要路徑。

多囊性卵巢症候群

　　另一個與糖尿病相關的婦科病症，是多囊性卵巢症候群（polycystic ovarian syndrome），是指長時期不排卵所產生體內過高的雄性激素，會有胰島素抗性（insulin resistance）問題，表現如糖尿病的前期；多囊性卵巢症候

群的病人，下視丘 GnRH 分泌頻率異常增加，導致持續性的黃體激素（leuteinizing hormone，LH）上升，卵巢鞘膜細胞中的雄性激素（androgen）濃度會增加，而過去的研究也顯示，過高的血中雄性素、睪固酮素濃度，皆與增加乳癌的發生風險高度相關。

　　所談到的這些，是推算疾病很重要的幾個面向，另有一些是未定論的風險，將於後文談及；不過，讀者已可從前面的幾項來累加，當累加越多項時，乳癌發生風險越高。但乳癌並非僅只是累計而已，而是以倍數相乘的機率增加罹病風險，因此各位婦女朋友如何從可改變的項目先剔除風險因子，就是對自己健康的一個非常重要的保障。如果已是一位乳癌病友，則從可改變的項目先剔除，是自己減少復發、擴散或侵犯另一邊乳房的防線布署。

肥胖

　　研究顯示，肥胖和久坐的生活型態，會增加停經後婦女罹患乳癌的風險。而且罹患乳癌後，比非肥胖的婦女預後較差，乳癌造成的死亡率，足足增加三分之一。肥胖會使血液循環中雌激素濃度增加，由前段談荷爾蒙的章節，

已說明了會促進乳癌細胞加速繁殖及增生，因此體重越過重，脂肪細胞數量越是大增，脂肪細胞生成雌激素的量就更增加，進而加速乳癌的變大或擴散。

瘦體素（leptin）是脂肪細胞（adipocytes）所分泌的一種神經激素（neuroendocrine）荷爾蒙，肥胖婦女體內的脂肪細胞含量較多，瘦體素的生成也相對增加，這跟體重的控制有關。當脂肪細胞吸收過多卡路里時，會釋放瘦體素於血清中，作用於下視丘，進而降低食慾及增加代謝效率。

臺大張金堅、郭應誠教授及馬偕張源清醫師，三人的研究發現，瘦體素增加致癌蛋白（c-Myc）的表現，同時刺激乳癌細胞株的增殖，及血管新生而加速腫瘤轉移，也會使對抗細胞凋亡的基因表現增強，使得腫瘤越長越快，甚至不會凋亡。這些可能因肥胖所引發的連鎖反應，一個程度上解釋了為什麼肥胖婦女，有較高的罹癌風險，且治療預後較差的原因。

婦女更年期後，血液循環中的雌激素濃度因為卵巢停止分泌而大幅降低，依據先前荷爾蒙致乳癌的說法，罹患乳癌風險也應大幅下降才對，但為什麼更年期後肥胖婦女

仍是乳癌發生的一個危險因子？因為肥胖婦女的乳房，除了乳腺組織外，其周邊基質大部分由脂肪組織所取代，這些為數頗多的脂肪細胞，分泌大量瘦體素，直接且持續刺激周遭乳腺組織，使乳腺細胞癌變，加上脂肪內的酵素具有將腎上腺皮質類固醇轉換成雌激素的活性，又使乳腺組織被周邊的大量雌性激素刺激，因而導致乳癌的發生。

更年期婦女的身體質量指數 BMI

由科學研究證據顯示，更年期婦女身體質量指數 BMI 值應介於 25-29.9 之間者，較小於 25 者，為 1.59 倍的乳癌發生風險；如果身體質量指數大於 30 者，則為 1.70 倍的乳癌發生風險。因此，多運動，減少乳腺旁的脂肪，注意熱量及脂肪的攝食，不要建立有利於乳癌形成的環境，才是根本的保生之道。

中醫的介入時機點，察覺體質風險

當一個不起眼的小混混，坐大成蠻橫的殺手，再怎麼循循善誘，都緩不濟急了！因此講究預防醫學的中醫，在察覺病人的體質具有高風險時，從檢查過程裡可能開始看到病人的泌乳激素已經在上升，加上病人本身是很緊張、敏感、壓力很大、乳房易腫脹、月經週期不適……這些條件下，已經在養成病變環境，即便是還在這樣的階段，中醫都會依循病者的身體語言而及早的介入。

在這階段的病人，她最基本功課是不要熬夜、情緒壓力一定要減輕，然後再加上中藥調理，盡量讓那個壞份子在新生的體內環境中「知難而退」，剩下「有待重整」的身體機能，中醫師再想辦法一步步的來清理、維護。

手術前的中醫介入調養

　　為什麼中醫不對乳癌病患，也採用華佗刮骨療傷的外科手法？因為重點在於——

先改善或調整身體的大環境

　　中醫補法的基本精神，是補虛扶弱，補養氣血津液，振奮臟腑功能，調整陰陽，使之歸於平衡。這是傳統中醫治療乳癌的原則療法，可以視為「先從改善或調整身體大環境」下手；布陣攻略如此拍板定案後，便已經決定了馬拉松式長期抗戰的基調了。

以醫典《景岳全書》中所舉的醫案爲例：「郭氏外家，乃放出宮人，乳內結一核如栗……乃服瘡科流氣飮及敗毒散，三年後大如覆碗，堅硬如石，出水不潰，亦歿。」只要是中醫診斷歸屬於「陰證」或「虛證」或「寒證」類的病患，無論哪種病，中醫認爲一開刀下去或用「攻」、或用「瀉」的方法，都不會有好下場，所以累積長期經驗後，才會存留下以補法治乳癌的療法。

病在乳房，主力藥必須採用具有療治「陰性腫瘤」的補藥療法，我們可以視這種療法爲：把失去身體免疫系統控制能力的乳癌細胞、或免疫系統無法抑制其分裂生長的正常乳腺細胞「鎖」在乳房內；並同時調理乳房的氣血失衡。是否鎖久了，婦女免疫系統調理好了，結果就能控制或狙殺這些乳癌細胞而痊癒，不得而知；不過中醫古籍在不同的年代，採用這種療法，讓乳癌病患歷數年或數十年而無變化的記載倒是不少。

中醫古籍中提到：「乳岩，蓋其形似岩穴而最毒也，愼之則可保十中之一二。」這與西醫療法所談的 5 年或 10 年存活率是一樣的。我們不知道是否因爲古代女性一向多保守，不易或不願意因乳房病變而找大夫診治，加上傳統

的中醫師，歷代皆多爲男性，使得病情一再被延誤。總之，我強烈推薦婦女朋友在確診有乳癌時，就要積極的用這種爲「長期抗戰」做準備的中醫療法，來打好身體的「固本」基礎。

歸脾湯

人參 3 克、炙黃耆 15 克、炒白朮 9 克、茯苓 9 克、當歸 9 克、棗仁炒 9 克、桂圓肉 9 克、遠志 6 克、木香 3 克、炙甘草 4.5 克、生薑 2 片、大棗 3 枚。

方劑中人參、白朮、茯苓、甘草四味藥，就是鼎鼎大名的補氣方劑「四君子湯」，佔了總組成分量的四分之一強，單一味具有提升陽氣的補氣藥「炙黃耆」就又佔了 15 克。

黃耆

黃耆是中醫治療「陰性腫瘤」常大劑量運用的一味藥，黃耆依古籍療效加上現代科學的研究，可說是乳癌術前、後疼痛、化放療中產生疲倦、胃口不好、嘔吐、噁心及之

後體能調理方面，全程可運用的上品藥。

除了耳熟能詳的補氣、提升免疫力、古籍《本經》記載的黃耆是：「主癰疽久敗瘡，排膿止痛，大風癩疾，五痔鼠瘻，補虛，小兒百病。」《珍珠囊》中記載：「黃耆甘溫純陽，其用有五：補諸虛不足，一也；益元氣，二也；壯脾胃，三也；去肌熱，四也；排膿止痛，活血生血，內托陰疽，爲瘡家聖藥，五也。」

當歸

雖然歸脾湯有如黃耆這般的氣藥，但在中醫的方劑學中，將歸脾湯歸屬於主治心、脾氣血兩虛的補血方劑。當歸用了 9 克，爲人參劑量的 3 倍，就可以了解設計此方的用意。當歸是大家所熟知「四物湯」主要補血組成藥之一，《景岳全書‧本草正》記載：「當歸，其味甘而重，故專能補血；其氣輕而辛，故又能行血。補中有動，行中有補，誠血中之氣藥，亦血中之聖藥也。」

中醫要治身體任何問題的血病時，當歸是常被首選的聖藥，不過選擇當歸運用於治乳癌時的想法，是採用古籍《本經》中記載的另一個當歸的藥性：「既能活血消腫止痛，

又能補血生肌，與黃耆相輔相成，一氣藥一血藥的搭配，對治療陰性腫瘤功不可沒。」

龍眼肉

有了對黃耆、當歸的藥性了解，知道這兩味藥可以通治身體任何部位因氣血不足原因所長出來的腫瘤，而若針對乳癌，光用血藥針對性還不夠，需特別加強心血不足的用藥，於是中醫常用於補心血的龍眼肉，也以 3 倍於人參的劑量，設計在歸脾湯的組成中。

龍眼肉是一個很好安神又補心血的強壯藥，《本經》中記載：「主安志，厭食，久服強魂魄，聰明。」個人認為龍眼肉是乳癌婦女，在任何時機發生有心血不足的心悸、失眠、健忘等的臨床症狀時的首選用藥。不過當乳癌婦女有明顯睡眠障礙時，炒酸棗仁也具養心、安神的作用。

遠志

臨床上觀察到，乳癌婦女有心神不寧、恐慌、莫名的恐懼時，我常會加入遠志來搭配。另一個重點是針對乳癌

的「濕痰」特性，遠志具有袪痰開竅，消散癰腫的藥理特性。

　　遠志這味藥《本經》中記載：「主咳逆傷中，補不足，除邪氣，利九竅，益智慧，耳目聰明，不忘，強志，倍力。」《藥品化義》中又說：「遠志，味辛重大雄，入心開竅，宣散之藥。凡痰涎伏心，壅塞心竅，致心氣實熱，爲昏瞶神呆、語言蹇澀，爲睡臥不寧，爲恍惚驚怖，爲健忘，爲夢魘，爲小兒客忤，暫以豁痰利竅，使心氣開通，則神魂自寧也。」

　　可見中醫用不同面向的藥，對治病人心血不足的背景條件，及其所表現出的臨床病證，使乳癌婦女的各種生、心理狀態都能在當歸、黃耆這些治「陰性腫瘤」的補藥幫忙培原固本之下，重建乳房局部的免疫抑制或狙殺那些被鎖在乳房內的乳癌細胞。

人參養榮湯

人參 8 克、白朮 8 克、黃耆 8 克、甘草 8 克、陳皮 8 克、肉桂 8 克、當歸 8 克、熟地黃 6 克、五味子 6 克、茯苓 6 克、遠志 4 克、白芍 15 克、大棗 4 枚、生薑 10 克。

　　人參養榮湯是古籍記載治乳癌的方劑，其實也是治乳泣所常處方「十全大補湯」的變方，歷代中醫觀察到這兩種良、惡性病之間，有很接近的證型的結果，但畢竟是不同病證，處方內容當然有針對性的不同。

　　治乳癌的人參養榮湯與歸脾湯，最大不同之處，在於人參養榮湯加入白芍、熟地等更多補血藥，適合血虛體質較嚴重的婦女，至於若是體質偏寒的乳癌婦女，有時僅靠人參養榮湯來大補命門相火（指的是補養人體先天的生命根源）、益陽治陰的肉桂是不夠的。尤其是體質上表現出身體沉重、怕冷、水腫，遇事情急，容易六神無主、恐慌的人，此時《傷寒論》有一出名的方子「眞武湯」是非常合適的。

眞武湯

　　茯苓９克、芍藥９克、白朮６克、生薑９克、炮附子12克。

　　這流傳了近兩千年的名方，主要運用於兩個狀況：一是「太陽病治不得法」，是指傷風感冒被誤治；二是「素

體陽虛陰盛」。方中附子溫腎助陽、蒸騰腎水，導引不下交的心液；白朮、茯苓、生薑、芍藥，則與人參養榮湯作用相同。

　　當然，因應病人個人的病況有所差別，在加減用藥上，遠志、龍眼肉外，還有視病情加入通任脈的巴戟天、杜仲、菟絲子，及用補骨脂來補肝腎；或以山藥、芡實專補任脈之虛等等，這些都是常合併開立於不同體質病人時的特別用法。由此可見，中醫針對體質開藥的條理分明，對病情有如偵探般，細膩的從各個不同角度去抽絲剝繭。

中醫會以病人身體的整體考量來打耐力戰

　　當一位乳癌病患，想尋求中醫加入治療時，不論是「歸脾湯」或「人參養榮湯」，都該先讓執業中醫診斷過後，看是否需依個人體質，再加減些什麼藥材來做處方的決定，千萬不要自作主張的選一樣來自行調養，久病之人「未必」能成良醫，還是讓中醫師親自望聞問切診斷後再

來調理。

身體的「同氣相求」

當一個病人被確診是乳癌，中醫會知道她身上局部是處在陽證、裡證、實證、熱證的狀態中（這四種證狀，將在第二章「這些高風險的體質」中介紹），因為這樣的體質跟局部產生癌症的體質是接近的，身體會同氣相求、很快速將這病變的體質擴散到全身。

即便是病人尚未變成陽證、裡證、實證、熱證的體質，中醫師也要想辦法攔截，盡量的避免病人的體質變成了陽證、實證、裡證、熱證。如果病人已經是了的話，中醫師也要盡量去幫她調理，減緩並降低她處在這種堪慮的體質中惡化下去。

我簡單的打個比方，當有火災發生，消防人員一定得趕快在災區周邊築起防火線，火災發生的現場，除了猛烈的灌水降溫滅火外，同時還須小心留意，避免火苗擴散波及到其他地方，以免火勢一發不可收拾，這是很基本的救火常識。治病亦復如此，築停損的防火線，當然一定、必須要被事先就考慮周全的。

乳癌就好比失火的災區

　　面對一個失火的災區，中醫師治療必須兼顧救災區和
築起防火線，同時不要讓周邊還好的體質受到波及，得盡
可能的阻絕乳癌災區的火力四射、到處蔓延。

　　中醫這樣一個滅火的動作，一是治乳癌本身，二是預
防周邊的體質被竄入破壞，這是中醫學很講究的「治病，
需同步防患未然」的兼顧！

　　這是我為什麼會主張，當一個乳癌病人被確診後，在
開始進入西醫的治療之前，就該找中醫師開始介入的原因
了。因為從這個時候起，除了用「培元固本」來保持一定
的體能狀況，同時需監控體質的變化，這兩項步步為營的
策略，便有賴中醫師的協助，一起走過接踵而來的辛苦療
程了。

西醫動乳癌手術的用意

除了移除已檢查到的腫瘤細胞外，也為防止癌細胞因為分化而轉移。雖然手術意在摘除原始腫瘤及受侵犯的淋巴結，但糟糕的是，手術後，從顯微鏡下觀察切除組織的邊緣，仍然會發現有殘餘腫瘤細胞的機會，而且隨著乳癌期數越高，切除後鏡檢會發現腫瘤殘餘的機會越高。

基本上，對於癌細胞尚未侵犯到乳房間質的原位癌，治療方式為乳房保留手術，加上輔助性放射線治療或單純性全乳房切除手術，並不需要腋下淋巴結廓清術及術後輔助性化療。若原位癌只接受乳房保留手術且癌細胞本身是荷爾蒙受體陽性，腫瘤醫師會建議口服 5 年的 Tamoxifen。全乳房切除術的手術範圍，則會擴及腋下淋巴結廓清術，或哨兵淋巴結手術，以監測是否有沒切乾淨的淋巴結。

乳房手術示意圖

乳房四分之一切除術

切除腫瘤且切除部
分乳房皮膚。

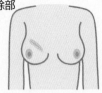

乳房腫瘤切除術

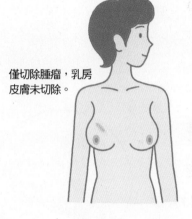

僅切除腫瘤,乳房
皮膚未切除。

全乳切除術

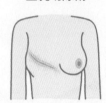

正常的乳房結構

每個乳房有 15-20 片乳腺葉,乳腺葉包含很多的乳小
葉是負責分泌乳汁的地方,乳汁可由輸乳管通往乳頭,脂
肪則充滿了乳小葉和輸送管之間的空隙。乳房也包含了血
管以及攜帶淋巴液的淋巴管,淋巴結存在體內的一個梨形
組織,大多數存在人體大血管通過的路徑,彼此間藉助淋

巴管相連。淋巴結可在腋窩乳房附近找到，位於鎖骨上面、胸骨後面，以及腋下等部位。淋巴結可抑制細菌、癌細胞或其他有害物質進入淋巴系統。大多數乳癌都發生在乳管內襯細胞（乳管癌），有些乳癌發生在乳房小葉（乳小葉癌）及其他乳房組織。

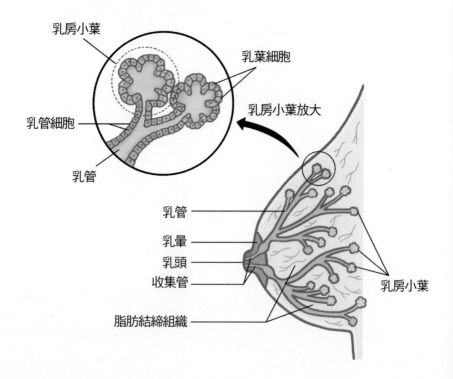

乳房的淋巴系統

乳房淋巴系統十分重要，因爲這是乳癌擴散的路徑之一，直接關係到乳癌的預後及存活率。

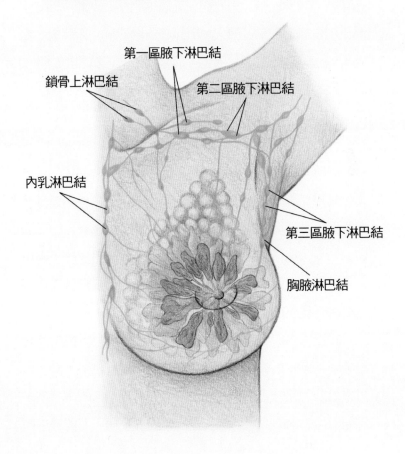

淋巴結是由一群免疫細胞組成的小塊豆狀組織，由淋巴管連接起來，乳癌細胞在分化的過程中可能會進入淋巴管，並停留在淋巴結內增長，由於乳房的大多數淋巴管都通往腋下的淋巴結，因此如果乳癌細胞擴散到此，則腋下淋巴結會繼續增長、腫大，所以腋下淋巴結是否腫大，是乳房檢查時重要的觸診部位，而當腋下淋巴結觸摸到腫大時，癌細胞很可能已擴散至身體的其他器官了。

哨兵淋巴結切片手術

從傳統的腋下組織全清除，轉變到哨兵淋巴結切片手術，是為減少手術後併發症的治療主流。乳癌手術醫師在手術前，於乳暈或腫瘤部分周圍皮內注射藍染料（Patent Blue）或放射同位性藥劑（radiaisotope），然後於手術中以目視找到染藍的淋巴結後摘除下來，並送病理檢查來確認是否有乳癌細胞轉移。

病理切片結果若為陰性時，可以作為腋下淋巴結沒有癌細胞轉移的指標，因此不必進行腋下淋巴廓清手術，這可以幫助大部分病患免於淋巴廓清手術後種種的併發症，這絕對是手術的一大進展。這一類的乳癌病人若能於手術

前、後皆接受中醫療法，有比較少的併發症，且臨床照護上，也大幅減少過程中的不舒服及提升了乳癌病人的生活品質。

淋巴水腫

雖然手術過程中，醫師會極力降低手術後淋巴水腫發生的機率，但在 2013 年的研究中指出，幾乎每 5 位乳癌手術後患者，就有一位會於手術後 2 年左右，陸陸續續發生手臂淋巴水腫，全乳房切除手術，比乳房保留手術有較高的手臂淋巴水腫發生風險，接受腋下組織全清除手術的病人，甚至有 4 倍高於那些僅做切片婦女的發生風險。

手術後淋巴水腫的中醫療法介入

肥胖的婦女，手術後也比較容易水腫，雖然手術後淋巴水腫是一個慢慢發展出來的症狀，但由於腫脹的外觀、疼痛、上肢肢體行動不便，都成為一個長期影響生活品質

的重要因素。這些症狀，更凸顯手術前中醫療法介入的重要性；且同時病人該把體重做好控制的規劃。

　　因為手術後淋巴水腫一旦發生，幾乎沒有辦法完全痊癒，此時中醫療法的介入，會想辦法改善術後疼痛、僵硬的症狀，以多針頻繁淺刺的治療方式介入外，我也常教病人練練八段錦功法中的「雙手托天理三焦」以助淋巴回流。

「雙手托天理三焦」功法

1. 自然站立，雙腳分開與肩
   同寬，雙手中指相接、掌
   心向上，置於小腹。

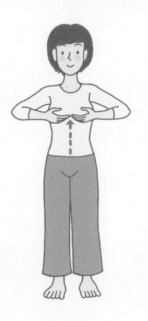

2. 吸氣，雙手上舉至
   胸前高度。

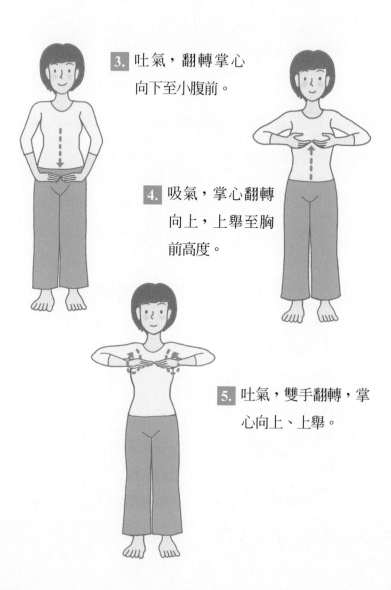

3. 吐氣，翻轉掌心
向下至小腹前。

4. 吸氣，掌心翻轉
向上，上舉至胸
前高度。

5. 吐氣，雙手翻轉，掌
心向上、上舉。

6. 吸氣，雙手慢慢上舉，至
頭頂上方，手臂盡量伸直，
如雙手掌托天，兩眼向上
看，腳跟提起，停留 3-5
秒。

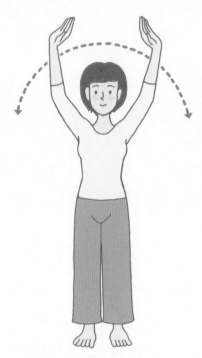

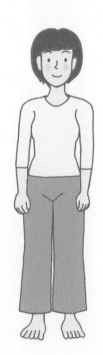

7. 吐氣，雙掌分開掌心向外，慢慢往兩側下放。

8. 回復自然站立姿勢，連續做2次。

第二章

魔來斬魔，仙來斬仙

化療使我發生了什麼事

賈愛華

　　面對化療與標靶治療，我的原則是：不要化療大腦；不要讓我自己變不見了！

　　所以決定一旦進入化療的療程，要盡量放鬆自己睡覺，不要胡思亂想。我向醫師要了鎮定劑與安眠藥，我要想辦法像得道高僧一樣，進入涅槃的境界，尤其在化療的當下，毒物於血中最濃的那一剎間。

　　我希望自己做到心中不起任何的念頭，不起喜悅心、不起憎恨心，需魔來斬魔、仙來斬仙，做到「一念不起是為真」的境地。雖然很難，我的修行不夠，但是也要努力朝這個方向做到。因為在化療床上胡思亂想，會引起大腦活動增加，若此刻引起大腦血流量增加比乳癌患部還多，將產生化療大腦的嚴重副作用！因此在化療過程中需要家人照顧，如果家人沒空的話，務必找親友幫忙，讓自己能

夠完全安靜下來，不操任何心。因爲當一樣一樣的抗癌藥物分批注入患者的人工血管中，需要家人或親友陪在身旁以防萬一有突發的狀況產生，能立即幫忙通知醫護人員。

化療藥物需配合大量的生理食鹽水注射，所以一個下午注射下來，體內的水分爆增很多很多，需要在親人扶持之下，推著滾輪架上的點滴袋上廁所。每三個禮拜做一次，每次差不多要一個下午，每次打完化療藥物都很累；肚子飢餓得讓人虛脫，所以需要先到地下街補充能量，才能再搭計程車回家。

在我 18 次的化療療程中，開始的前 6 次都是重化療（一般的化療外，再多加上標靶治療的藥物），所以產生的副作用很大。在我的前 6 次的療程中，有個很有趣的現象，開始注射的前幾樣抗癌藥物，會使我產生發冷的現象，需要厚重的棉被取暖，當棉被蓋上是非常溫暖、好睡覺，但是當注射到紫杉醇時，居然感受到全身發熱、出汗、再也蓋不上棉被而熱醒來，這時表示該去解放體內過多的水分。

完全不認得鏡中的自己
口腔黏膜破損、牙齦浮腫出血、連喝水都難受

在前 5 次的化療中,我的體力每況愈下,頭髮、眉毛在前 3 次的化療中就已落盡,完全不認得鏡中的自己,覺得自己又老又醜又衰弱,自信心大受打擊,還好親人並沒有嫌棄我。身體受化療影響,口腔黏膜破損,牙齦浮腫出血,也沒辦法咀嚼碎牛肉麵中的牛肉,牛肉變成一塊大口香糖,無法吞嚥,腸胃連喝個水都難受。

更別提晚上了,躺在床上,覺得自己是蓋了一條棉被的糞坑大蛆,不斷的在棉被下翻來覆去蠕動著,化療真是可怕!病魂就似鞦韆索糾纏,日夜痛入心扉難眠,躺在床上,身體與床全部的接觸點都在疼痛,沒有所謂足以安身立命、不痛的那一點。通常都是疲憊至極,才入睡,但睡不久就會又痛醒。

這種苦,不足為外人道也,怕只是徒增親友們心疼的痛苦,只敢默默的向天地訴說。那段時間,我常去陽明山後山公園,王守仁園區後方的林區散步,祈求那些參天古木能幫助我,給我一些天地靈氣,並順便幫我排除傷氣和

毒氣。我常常在將穿過隧道，進入學校的路上，於半山腰停車，對著一片山林哭訴自己的痛苦。

認了隧道口的一棵樹，當作我的母親樹
告訴她我所有的無奈與不堪

為紓解喘不過氣來的情緒壓力，我認了隧道口的一棵樹，當作我的母親，告訴她我所有的無奈與不堪。為什麼選她當我的母親樹？因為有一年的颱風，她幾乎被摧殘到將死，失去了一大塊的樹皮，奄奄一息，神奇的是，瘦弱的她居然勇敢的扭轉了身上的樹幹，遮掩了她的缺口，使傷口逐漸形成一個大眼的樹洞，當樹幹隨著歲月逐漸變粗，樹洞也慢慢變小。當我向她訴苦、發洩悲憤委屈時，仰頭看她的枝枒，我的淚不禁奪眶而出，她也曾苦苦的熬過來啊——

因為樹幹不斷地翻轉，樹枝也得翻轉，當然樹葉也得翻轉了，每一個翻轉點，都形成一個個大大小小的結節。原來，生命活下來是這麼的不容易啊；人應師法大自然，努力克服眼下的困難，活下去！當我實在太難受的時候，我就下車去擁抱她，放聲痛哭一場，尋求安慰與勇氣！

　　凡是體內生長快速的細胞，都會受到化療的影響，當然包括了癌細胞，頭髮、指甲、口腔與腸道的表皮細胞。體內的營養也因爲消化系統受到傷害而吸收不足，而食物可以維持我們的神經、肌肉等體內細胞的正常功能。化療最常見的就是失去了正確的感受功能，正是《心經》所提到的眼、耳、鼻、舌、身、意都發生變化，讓生命產生了變奏。

　　眼睛失去了眉毛與睫毛的保護，汗水成了直接滴進眼睛內的眼藥水；耳朵常聽到莫名其妙的雜音，發生耳鳴的現象；鼻子失去鼻黏膜的保護，感覺腫脹頭痛。最慘的是舌頭，受化療的藥物影響後，失去了所有的味覺，酸、甜、苦、辣、鹹都完全嚐不到，連對食物溫度的冷熱感也失去了。在鏡前把舌頭伸出來一照，發現居然舌面上亮晶晶的味蕾都不見了，每天吃飯成了一件苦差事，食物失去味道，好像在嚼蠟一般。

　　血液的血紅素指數和白血球的含量，受化療的影響會下降，爲補充身體鐵元素的匱乏，需要多吃「豬血湯」和「四神湯」，並且爲了肝臟解毒還多喝「蛤蠣湯」。化療藥物使我手腳肢端腫脹，走路像踏在棉花上，常不小心就會

扭到腳踝，痛到不能走路；指甲變得很薄，連瓶蓋都開不了，而且容易碎裂。林林總總，彷彿身邊時時需要家人親友的扶持，剝開鋁鉑包裝藥丸、扭轉瓶蓋，甚至連紙張都能輕易的割裂指甲，慢慢的手指末端和指甲都呈黑色，可見化療藥物的霸氣十足。

每次化療過後到下一次化療前，都會做一個尿液與血液的檢查，看肝腎功能和紅血球與白血球的數目，化療藥物不只殺死癌細胞，當然也殺死了體內很多的正常細胞。白血球的數目隨著化療次數增加，而每況愈下，因此需要補充注射白血球的生長激素，來維持體內的白血球化療數目。有些病友，數量掉得太低，甚至需要由脊髓注射更強力的藥物去促使白血球的增生。

身為醫學院老師，怎可一下子就被疾病打敗
我要讓學生見證醫療的奇蹟

在我接受化療一年的期間，並沒有向學校請假，盡量保持自己在工作狀態，因為靜下來專心躺在床上當病人，是一件很苦的差事！會產生專注痛（attention pain），工作可分散我對痛覺的關注，同事們好心來規勸我：「提早

退休，好好養病吧！」但是我沒答應，只因為我不服輸──身為醫學院的老師，怎可一下子就被疾病打敗了？豈不是鬧笑話，英雄變成狗熊逃亡去了？我必須做一個好的榜樣，讓學生見證醫療的奇蹟，也想測試看看「學生如何對待、包容生病的老師」？

　　學生們真倒楣，選到一位病重的指導教授，要想如期畢業也很難，因為老師總是穿梭在醫院與病榻間，為了避免人群的感染，過著晝伏夜出的變調生活。而這群學生熱心地提醒我吃飯時間到了，笑嘻嘻的隔著辦公室的大門探頭說：「老師現在想不想吃什麼？我們正好要下山，可以幫妳買一份喔。」總是哄著我：「老師要喝豬血湯嗎？蛤蠣湯？還是豬肝湯？或是廣東粥呢？」

　　這些孩子們，還需要我的指導才能順利完成論文研究呀！我用「感動」與「責任」不斷的督促自己要勇敢、要堅強面對！

　　每次吃完東西，他們總是看到我抱著肚子趴在桌前喊痛，我只能告訴他們：「我的胃裡有隻貓和狗正在打架，真是痛死我了。」

　　我拒絕因化療而吃液態的營養食品，堅持要維持消化

道的正常功能，哪怕痛我也得忍耐，因為消化道在進行消化作用時，需要體內消化神經與內分泌荷爾蒙協調運作，才能完成消化與吸收的作用，而內分泌每天因三餐而至少分泌三次，是消化道表皮細胞與內分泌腺體的生長激素，有吃才會有保庇，才能維護腸道表皮細胞的完整性。

　　因為下肢水腫的關係，我走路的時候就像一尾美人魚用腳走路一樣，每邁一步都感到疼痛。當舌頭在口腔轉動說話時，也是非常的痛，更可怕的是，我連拿麥克風都會因麥克風的重量，造成手腕非常的疼痛，更別說使用雷射筆講解螢幕上的教材，因為每觸摸雷射筆的開關鍵一次，就使我痛得直想掉眼淚。

　　隨著化療的次數增加，我沒有辦法爬上講台，沒辦法坐在旋轉椅上講課。旋轉椅些微的旋轉，就使我頭暈目眩覺得要休克了，所以我只好坐在講台下，並把坐在我左右側的學生清空，在桌上豎起麥克風坐著上課，所以兩三節課上下來，整個人彷彿虛脫得可在空氣中飄浮般。

　　我是一個愛熱鬧的人，一天到晚就想要跟自己的親朋好友嘻嘻哈哈開心的過日子，沒想到化療後，我要學做一個寂寞的人。醫師要求我避開人群，以防感染，因為我的

免疫系統受到化療的影響不堪一擊。學生在教室中的一個
小小的噴嚏、咳嗽都立刻使我喉嚨受到感染而疼痛，以至
於只要一出門，最好戴上口罩，避免搭乘大眾交通運輸工
具與人近距離的接觸時受到感染。

　　每隔三周的禮拜四，在臺大化療室裡做化療治療，經
常看到周邊的癌友在化療的過程中嘔吐、尿床，很多人像
我一樣，都是在瀕臨生理極限上承受化療的挑戰，人有時
候求死不易，求生更不易。希望人類醫學研究有所突破，
造福所有的病友免於苦難。

　　化療期間，我每星期至少去陽明醫院中醫部報到 2-3
次，尋求中醫的協助。以針灸、薰療、藥療或推拿，來緩
解我身體上的疼痛，使我能夠專心工作。常常打擾賴醫
師，提出我待解決的問題：體內常常好像有條鞦韆索，有
時捆綁我的頭部、有時勒住我的眼睛、耳朵、四肢……引
起各處、各種難受的脹痛。

　　賴醫師給了許多很好的食療建議，當我的口腔滿是傷
口，無法吞嚥說話，西醫大夫好心給我的口瘡藥膏也不太
管用，我只好請求賴醫師。他告訴我：「可以試一試吃些
豬腳（豬的前蹄爲佳）、雞爪或海參，還有木耳、海菜等

等，富含膠質、可以補充膠原蛋白的食物。」

　　立刻接受這些比藥更吸引人的美食建議，跑到大葉高島屋的地下美食街，吃了兩頓的豬腳餐，哈，我口中所有的破損疼痛，都不見了！什麼地方有好吃的海參呢？位於中正紀念堂內的福華飯店劇院軒，他們有吃到飽的自助餐，其中有道「猴頭菇燉海參」，每次化療、抽血或檢驗結束後，親人總是陪著我，去吃些好料來補充膠原蛋白，保持體內第一道免疫防線——表皮細胞的完整，以增強身體的免疫能力。

　　我總覺得，在我生活的周遭環境，可能少了什麼我所需要的微元素？畢竟臺灣太小了，地球太大了，而地球上的生命資源分布也不是那麼均勻，記得地理課本上說臺灣天然資源少，如果可以的話，我一定要出國走走尋找生命泉源，去接觸地球上其他所屬大地的食物、空氣，與水。就在這時，我接到「伊朗皇家生殖與幹細胞學會」邀請我去德黑蘭演講。

賴榮年　看診

中西醫併治的相輔相成

　　乳癌的病患因接受密集檢查及治療，產生很多身體的不舒服症狀；有些是跟癌症本身有關，有些則是跟治療後所產生的新症狀有關。

　　中醫依據傳統的「辨證論治」，收集病人身心所表現出來的證狀，加以分類、觀其體質變化，來做基本的診治調理、開立處方，來平衡身心的偏頗。

　　乳癌並不單純，不是易治的病，因此在用藥上，如果簡單化到像西醫的用藥，一顆藥針對一個什麼症的時候，這絕不是中藥的治療精神，這也是中西醫治療最大不一樣的地方。

這些高風險的體質

　　不同於西醫，中醫看病一定要分體質，體質的因素有些是天生遺傳自父母家族，有些是後天環境、教育、生活觀及飲食作息所引起的。在《黃帝內經》的「靈樞·壽夭剛柔篇」中提到：「人之生也，有剛有柔，有弱有強。」中醫師看診，首先需了解每個病人的先天稟賦，再加上後天因素的綜合判斷，擬出一個病人病情的走勢圖，來推測發生乳癌的機會及其可能的預後。

從經期觀察乳房的氣血循環

　　中醫會從月經週期來偵測，女性乳房對於荷爾蒙的不

同敏感度表現，是否會有脹痛的發生和期間的長短。因此
中醫會認為，如果乳房這裡的氣血循環不是那麼順暢，日
後可能會有高一點的風險，容易在乳房會長一些腫瘤，甚
至於有其他的條件因緣際會時，會變成是乳癌的病人。

　　因此經期的觀察，會是中醫在判斷體質上的一個偵測
點，雖然實際上乳癌的發生，並不是所有女性當有這一類
症狀，就一定會發生；意思是指既然乳房長期氣血不通，
就增加罹病的風險；倘若再加上熬夜或是酸性體質等激發
因素時，就會使轉化成乳癌的風險大幅上升。

　　從乳癌細胞的表現，生長、分裂、吸收快速，新生血
管侵入組織、滲入淋巴、血液遠行到別的器官，且可以快
速生根、成長、茁壯，再把那個器官資源消耗殆盡、因而
衰竭，中醫將這些乳房局部的變化歸屬於「陽證、熱證、
裡證、實證」為主的診斷分類。

「陽證」體質

　　中醫學中所講的「陽」，意味著：在體表會產生熱、
具有「能量」、動的特質。「陰」，相對的指在裡，有寒、

靜的「津液、養分」特質，可說是「陽」的後勤支援。因此，中醫會將乳癌細胞的特性，多偏屬於陽的範疇。

　　陰陽的概念，源自古人觀察到自然界中各種對立又相聯的大自然現象，比如天爲陽地爲陰、日爲陽月爲陰、畫爲陽夜爲陰、暑爲陽寒爲陰、動爲陽靜爲陰、男爲陽女爲陰、上爲陽下爲陰等。以哲學的思想方式，歸納出「陰陽」的概念。陰陽應該是相對、相依賴、彼此制衡的兩方，所以才有所謂「孤陰不生，獨陽不長」的說法。由此可知，乳癌細胞無限分化、增生、擴散，具有「陽」的特性，當然就需要有源源不絕的「陰」加以支援了。

　　沒有被壓制成功的乳癌細胞，將會消耗掉所有的人體資源，屆時病人就會因爲虛弱、免疫力下降、易受感染、器官衰竭等原因而死亡。其實，並非是癌細胞直接將病人殺死，在乳癌病程中，中醫進而將乳癌病人的「陽病態」加以細分：

- 若「陽」過旺，而「陰」仍屬正常，此時定義爲「實證」的陽病態。
- 若乳癌細胞的消耗戰持續時，「陰」終將不足，而轉爲「虛證」的陽病態。

「熱證」體質

　　人是恆溫的動物，保持在 36.5 度 C 的體溫是維持身體正常運作的必要條件；當有外來病菌侵襲身體時，身體會不自主地發抖，強迫骨骼肌運動，以釋放熱量給身體，使全身細胞可以快速動員來抵抗外敵，此時可能表現出發高燒的病徵。中醫將此外來致病的原因，歸類爲「表證」，臨床的表現診斷爲「熱證」。

　　乳癌細胞乃是身體內部細胞的失控增生，中醫將此由內產生致病的原因，歸類爲「裡證」，而乳癌細胞不斷增生、分化、擴散的過程，仍然產生出很多熱能，雖然沒有表現出發燒的病徵，中醫仍將此歸類爲「熱證」。

　　陽性體質的病患性格上會較急躁、追求成功、自己平日時時努力學習，孜孜不倦做更上層樓的準備，聰明且執行力佳。由於有才能、有見地，常常也表現出好爭輸贏的個性；對表現不好的上司多有質疑或直言進諫等。

能者多勞的傷身

　　人的身上有成千上萬的細胞，隨時都在協同完成身體所需要的各種任務，只要做工就會產生熱能，也就會有做完工後所產生的代謝廢料。

　　陽性體質的婦女，想法多、能力強，因此她身體所需要完成的任務，比別的女性多，身體所產生的熱能及廢料，也比其他不同工作的女性要多得多。當然這種情形下，協同完成身體所需要的各種任務中，包含了調節體溫、運送、清除身體廢料，都須多加付出。當身體所產生的熱能及廢料量太大時，熱性體質於是產生，熱性體質，可視為人體進入「亞健康狀態」的開始。

　　水是構成人體的重要成分，血液、淋巴液以及身體的分泌物等都與水有關，中醫將這些血、淋巴、口水、淚水、尿液等，統稱屬於「血」的範疇，約佔成人體重的60-70%，其中血液含水量約達90%以上。當我們進食，

吞嚥、消化、運送養分，以至排泄，各個環節都需要在血液循環中有水的參與，才能順利進行。

　　血除了能化生各種津液潤滑關節、防止眼球過乾、產生唾液和胃液來幫助消化外，血中水分的一個重要功能就是調節體溫，透過排汗、小便，帶走體內過高的熱量。當陽性體質的婦女，追求自己的理念並耗費太多時間執行時，身體所產生過多的熱能、廢料，是需要更有效率的身體代謝才足以勝任。

　　中醫的基礎理論，說明了構成人生理機能的兩個元素「氣、血」的關係，主張氣血的運行，保持著相互對立、相互依存的關係：

- 氣，為陽，是動能，是看不到的。
- 血，為陰，是津液水分，如血、淋巴、口水、淚水、尿液等，是看得到的物質基礎。

　　血在經脈中，能不停地運轉遍行全身，有賴於「氣」作為它的動力。氣行血亦行，氣滯血亦滯，所以中醫學會主張「氣為血帥」。但氣必須依賴血支援，才能發揮作用，所以又有「血為氣母」的說法。這就是中醫所說「陰陽互根」的道理。

　　一個熱性體質的產生，即為血的運轉開始發生「應付不來了」的狀況結果，進入此亞健康狀態，不過，這還不是最糟糕的變化；最糟糕的是，陽性體質的婦女，未體察到身體的變化，而繼續努力投入工作或計畫中，從未考慮回顧身體的健康，幾乎完全漠視要「如何增加身體更有效率的代謝」，堅持撐下去的結果，原本充足的血，被迫持續處理過多的熱能及廢料，一再的消耗，於是血開始也不足了，惡化了原來就已失衡的健康，身體早就不再是氣多血足的情形了。

氣血失衡，免疫防線便門戶洞開

　　亞健康的病態，進入氣仍多、血卻不足的下一階段，此階段的氣血失衡，影響層面可依時間的長短，波及到血家族中的所有成員，例如血液、淋巴液、滋潤口腔、耳朵、鼻子、眼睛、皮膚以及身體的分泌物等。這些逐漸乾枯的津液，已經撼動了身體免疫的防線，步步失守、終致

門戶洞開難以收拾。

這樣的體質，不排除有很大成分來自先天，不是想改一時片刻就能改得了。對於一位不喜歡運動、又屬陽性體質的婦女，對於世事仍然堅持力求更上層樓，不斷鞭策自己要好上加好，便會逐步發展出「裡證」的體質。

「裡證」體質

通常有「裡證」體質的人，自己常覺得喉嚨時有異物卡卡的感覺，真要吐，也吐不出東西；要嚥也嚥不下什麼，說話前常需要先清清喉嚨。由於聰明、敏感性強，看到不對或不順己意的事，或對能力比自己差，卻升遷快於自己的現象，更容易壓抑、鬱悶、長時間憋著和自己生氣。

千年以前的中醫古籍《黃帝內經》，就已提出「情志失調」，就是現代所謂的情緒壓力，是會損傷氣的運行，進而影響五臟功能的說法。在《內經素問・舉痛論》便提到：「百病生於氣」，又說：「怒則氣上，喜則氣緩，悲則氣消，恐則氣下，驚則氣亂，思則氣結。」因此，越是聰

明有才幹的女性，有時不注意壓力的調整，徒增了被自己氣卡住，血流循環不暢、脈絡運行受阻，種下形成「癥積瘀塊」的腫瘤病根。

氣滯不行，加速形成乳房癥積瘀塊

如果熱性體質的婦女，發展出了「裡證」的體質，則過多的氣容易塞車，卡在特定經絡，因而表現出喉嚨時有異物感，講話前要先清清喉嚨；容易鬱悶、生氣、習慣常嘆氣；在胸脅部位及乳房，常有脹或痛的症狀。

也由於氣滯不行，部分經絡的血，也就瘀阻在這些地方，容易造成發炎的熱能及廢料，更排不出去，加快了形成乳房「癥積瘀塊」的速度，而當事人卻仍不自覺的等閒視之。

「實證」體質

實證體質的產生，可分為好幾個層面，主要是「長期」

累積出來的結果。

沒有效率的代謝，造就實證體質

　　人體有調節體溫的機制，基本上是透過排汗及小便帶走體內過高的熱能，但當陽證體質的婦女，若是每天長時間在辦公室，或經年都處在 28 度 C 的環境中時，她排汗的毛細孔功能是不佳的。

　　而久坐的骨盆腔使得排尿、排便的功能，也都受影響變比較差，因此沒有效率的代謝加上廢料充斥、累積在體內的速度太快，而形成實證的體質。如果這位有陽證、熱證體質的婦女，原本就屬實證體質的人，則又加速形成乳房的癥積瘀塊腫瘤了。

　　中醫師分析一位先天稟賦不足的婦女，加上她又有陽證、裡證、熱證、實證具足的體質，可預測她將成為一位準乳癌的候選人；罹癌的快慢，與她何時遇到一些相關發

病條件，因緣際會下一拍即合。例如頻繁飛行於高空中的女性空服員、商旅女強人，暴露在輻射下，發展出乳癌；又如經常熬夜或輪班工作的女性，由於日夜的生理時鐘紊亂，身體細胞修復太慢……都增加了雀屏中選的機率。因此，中醫認為——

請勿加工造就這些體質

- 「肝藏血」，一旦肝系統的藏血功能不足，加重了氣多血少的病態，更惡化了代謝不出去的熱能及廢料，容易形成陽證、裡證、熱證、實證具足的體質。

- 對於我們飲食中的甘甜味，中醫解讀為黏膩，抑制發汗，容易產生濕氣，導致濕氣停滯。濕氣若停滯會發生濕熱，進而發展出糖尿病的濕熱體質。

- 肥胖在中醫看來，與糖尿病的體質很相似，認為脂肪為濕痰的累積，所以肥胖的人，也同樣是陽證、

裡證、熱證、實證等體質錯綜結合後所發展出來的
濕熱體質。

這些雖是由中醫的角度來做分析，讀者朋友們也大可
回頭再檢視，西醫所找出來的一些危險因子，其中有很多
道理是與中醫學的理論相通的，若把西醫所找出來的危險
因子，再用中醫的診斷法進一步細分，比如西醫發現母親
或姊妹有乳癌為一重要的危險因子；中醫師則會判斷，這
位婦女的體質如何？與她罹癌的母親或姊妹們之間的體質
差異為何？再辨證論治下斷語，或許如此的算病準確性是
比較合理的，而且也可發展出更細膩的整合治病模式。

不容易出汗體質的調整

先和大家來談談不容易出汗的體質；這對我臨床上來
講，是一個很重要的指標。不容易出汗的體質分兩種：

天生的

平常怎麼運動，都不太流汗，這種人多半是從小就是
這樣天生自然的體質。

後天造成的

　　我們知道目前的室內工作者，幾乎一年四季都是待在空調的房裡，以夏天爲例，當戶外溫度動輒飆高到攝氏35度上下，即便室溫是維持在政府宣導的27-28度間，但對人體隨大自然時序調控體溫的機制來說，室溫已經是屬「外寒」的環境了；更何況不少室內空調是設定在涼爽的22度上下。因此使得在室內長年工作的朋友，處在中醫所謂「寒氣」的一個環境中，日復一日；如此長期下來，使得身上毛細孔排汗的功能變得很差。

　　如果說一個後天造成不容易出汗的人，平常又沒有養成運動習慣，她可能是一個禮拜、甚至一個月，從來都不能讓自己透過運動來出一身汗，長期下來，就會變成是一個不容易出汗的體質；那、不容易出汗的體質會造成什麼麻煩的問題？

不容易出汗的體質，悶燒的第一步

　　我們知道身體裡的體溫，實際上就是靠排汗來調節。一個健康人的體溫應該是冬暖夏涼；表示他的身體不管是

透過排汗，或是體內的自行調整，對於外界溫度的調控是
處在一個健康的狀態。可是當一個人不管是先天或是後天
所導致，形成比較不容易排汗的體質後，有可能會慢慢的
使得調節體內溫度的功能失調或者失控。

別讓身體變腐化變質的燜燒鍋

　　想想，我們身體是由 37 兆以上的細胞所組成，身體
機能，是日夜不停、多麼忙碌的在運轉各種新陳代謝，理
所當然就會「產熱」。

　　身體所產生的「熱」跟「廢料」，如果沒有得到通暢
的代謝或是排汗，就容易使得熱跟代謝不掉的廢料堆積在
身體裡面，成為一個悶在身體一再腐化變質的東西。

　　如果不容易排汗的人，就中醫的角度來講，實際上身
上的皮膚，是處在實證的狀況中，會讓體質開始產生偏熱
的情況。如果還一直不改善，繼而變成身體的體溫調節失

常時，醫師會發現她的體溫實際上相對於一般人稍微偏高。但這樣的偏高體溫，不一定會讓人感覺有特別的不舒服，可是蚊子牠會告訴我們，誰的體溫比較高。

蚊子，一個非常好的體溫指標

我在門診裡面常常會問病人：「是不是容易皮膚癢？或是容易被蚊子咬？」有些病人一聽到直點頭：「對對對，我非常容易被蚊子咬；一個房間裡有五六個人，別人沒事，就我特別受蚊子青睞。」

蚊子不會輪流咬一屋子的人，一個因不容易出汗，導致體溫偏高的人，蚊子只會老去叮她；蚊子便成了一個非常好的指標，表示這個人身體已經開始有「酸化」的現象，也意味著她已步步邁向酸性體質的一個很重要先兆。接下來她的體質開始逐漸變成實證跟熱證，也就是乳癌細胞最喜歡的環境。

不容易出汗的體質不好，但也有程度輕重之分，有些不容易被蚊子咬的人，雖然也不容易出汗，但程度上，身體調節內悶熱的能力尚可。對於部分住在國外，很少有蚊子地區的女性而言，需用其他更多問項來判斷是否為酸性

體質，但是在臺灣，這算是很有效率的診斷標準。人人都痛恨蚊子，又懊惱打不到這飛行時速 2 公里的吸血蟲，殊不知牠們對血液中含二氧化碳較高、體溫偏熱的獵物非常敏感，因此蚊子也就成為我的診斷精靈。

講了這麼多道理，說明了為什麼在一群人當中，老是那幾位特別會被蚊子咬的現象了，甚至於有些婦女，更清楚的描述當在一群人中，她自己是常被蚊子咬的人，若她女兒在場的時候，蚊子就都咬她的女兒，這意味著她女兒比她血液中含二氧化碳高且體溫偏熱，或許也可以說，她女兒的體質比她還酸。

不可不知的體溫調節

體溫調節在西醫說法，是指溫度感受器，接受體內和外在環境溫度的刺激，通過體溫調節中樞，引起內分泌腺、骨骼肌、皮膚血管、汗腺等組織、器官活動的改變，從而調整產熱和散熱的過程，使體溫保持在相對恆定的水平。而我們人體的內在恆定溫度，約維持在 37℃左右，也就是所謂核心溫度。

體溫恆定的重要性

體溫恆定的重要性，在於細胞內許多代謝反應，需要在恆定的溫度下才能順利地進行！代謝過程的重要角色，大多是蛋白質的酶（酵素），幾乎我們體內所有的細胞活動進程，都需要酶的參與催化來提高效率。酶具有高度的專一性，只催化特定的反應或產生特定的結果，目前已知可以被酶催化的反應約有四千種。

當我們見識到身體是如此精細，專業、複雜而忙碌的分工，因此身體所處的環境極其重要，如果環境的空調不好，溫度太高，或周邊廢料、垃圾沒有清除、髒亂的結果，工作的表現及成果一定欠佳。所以在 37 兆以上細胞的代謝過程中，體溫調節及代謝廢料的排出，是維持健康極其重要的一環。

基本上，人體的代謝率其實只約 20%，而且會隨著年紀及缺乏運動而下降，意思是說，食物中的能量，只有

20% 會被人體吸收後運用，其餘 80% 則以熱的方式，散發到外界。而偏偏在現代生活環境中，無論是在學校、工作場所或家中，冷氣已成爲一天中最常接觸的環境。

以臺灣爲例，一般建議冷氣設定在 27℃ 是最節能減碳，而冷氣專業公司則建議設定在 24℃ 及 70% 的濕度，是在臺灣最令人感到舒適的環境溫度。但無論是 27℃ 或 24℃，離我們人體內恆定的核心溫度 37℃，有 10 度或以上的落差，也因此冷氣營造了中醫學所謂對人體造成一個「寒」的環境。

冷氣造就下的環境傷害：散熱效率下降

在這個「寒」的舒適環境下，人體不會用出汗來調節體溫，人體的交感神經在此時會調節皮下血管動靜脈間的短路（正常情形，血液是由動脈流經微血管才到靜脈），使血液能夠從動脈直接由短路流回靜脈，以減少熱能經由輻射或蒸散等方式，從皮膚表面散失，這就是我稱爲一個人「散熱效率下降」的亞健康狀態。

從中醫的診斷學角度，認爲這種冷的環境，使人的體表處於「實證」的體質變化，讓原本健康的器官、組織、

細胞，就會處在體內因為散熱機制不良，而相對溫度高的環境；讓原本健康的器官、組織、細胞悶燒在臭皮囊下的大鍋裡，這個失衡的狀態，中醫稱為「熱」。

前面的文章，我已經分析了乳癌細胞的特性及在局部乳房所造成的熱證、實證的體質變化，因此在防治乳癌這個病症上，我非常重視這牽涉到全身體質的變化：一個不容易出汗體質的婦女，容易自身營造出適合發展出乳癌的體質。

從能量的觀點來分析不易出汗的體質，與大自然界的「森林大火」很像，森林中的植物利用光合作用把太陽能轉化為化學能，森林越發龐大，累積的落葉、腐土越多，豐富的營養使得森林從太陽吸收更多的能量，高大的樹木底下，溫濕度上升，悶在高大森林裡的能量積累到一定程度就會釋放出來，而森林大火則是森林迅速釋放大量能量的過程。這過程，是自然生態系統物質和能量迴圈的一部分，因此千萬年來的人類歷史中，從沒有間斷過發生在世界各地的森林大火。

中醫看人的體質也是如此，中醫判斷疾病的預後，也依循這個道理。比方說美國森林發生大火，即便是現今的

科技也難以事先預防、滅火也是波折重重。例如美國加州的森林大火，即使洛杉磯的比佛利山莊再價值不菲，滅火的方式，通常也只能間接的降溫、區隔出防火隔離區⋯⋯以降低森林大火向外延燒的機會及損失。

　　若將森林大火，比擬人體每天隨時在產生的新陳代謝的熱，加上身體原已累積悶在臭皮囊中等待爆發的能量，即使在現今高科技，讓乳癌病人的乳房局部病灶被手術切除，被放、化療破壞殆盡，卻很容易令這些垂死的乳癌細胞，脫逃到等待爆發能量的新天地，伺機成為復發或擴散出去的結果；一如看似被滅掉的森林大火，很容易在鄰近森林高溫的加溫下，又再復燃。

　　中醫很清楚這種遵循大自然法則的病症變化，而且具體的提出了汗法的治療策略——直接解決毛細孔因「寒」而失去的調節溫度機能。代表的方劑，為「小青龍湯」。

小青龍湯

麻黃9克、桂枝9克、白芍9克、甘草9克、乾薑9克、細辛9克、半夏9克、五味子9克。

　　方中的麻黃、桂枝、細辛、乾薑都是熱藥，用以解除外邪風寒，可以活化皮膚被寒閉塞的毛細孔，搭配用微寒補血的白芍，避免太過偏熱上火。這種讓皮膚、毛細孔恢復調節體溫功能的療法，絕對是最根本治療的方法；這種讓身體體質改變，成為乳癌細胞不喜歡的環境，減緩或降低乳癌細胞向外擴散或蔓延的機會或速度，是打贏這一場馬拉松競賽非常重要的第一步！

當酸性體質發生

　　我們在前面曾提過，乳癌細胞發展的過程，是在局部地方快速分化、成長，然後開始掠奪附近器官跟身體的資源，所以局部的病灶就是處在熱證、實證、陽證的狀態。一個不容易出汗的身體，也是處在一個熱證、實證、陽證的酸性體質，那就非常受到乳癌細胞的歡迎。

酸性體質，是不容易抵擋乳癌細胞的擴散

當酸性體質發生後，實際上是不容易去抵抗乳癌細胞擴散，會使得乳癌細胞輕易豪奪體內各種資源，而導致健康耗竭。

即使在經西醫的開刀手術，或是各種放、化療的醫治，可能得到的會是比較差的預後成效。包括手術後局部的疤痕，癒合的速度會比較差，甚至有蟹足腫形成過度肥厚的疤痕。

酸性體質的人，被蚊子咬到後，常會癢到不行甚至於腫個大包。動乳房手術也是一樣，手術後，悶在身體裡面的火氣，會全部灌在這個傷口的疤痕上。導致傷口不容易癒合，甚至於有局部的持續發炎，或是留下長期慢性的疼痛。

這些都是因為體質的變化沒有調理好，致使局部的產熱無法宣洩，使得在局部發炎、加重結疤厲害。這些都會

是在乳癌治療前，病人必須要有所了解，並與中西醫師多溝通，開始做療程前的準備。

酸性體質持續悶燒的後果

酸性體質程度最糟的，就是不但容易被蚊子咬，而且咬了後局部皮膚紅、腫、癢特別厲害，即使好了也留下一個局部皮膚因為長期慢性發炎，變厚、變暗沉的疤痕。雖然酸性體質不必然都是由不容易出汗的體質演化而來，但不容易出汗體質的婦女，不改善內悶熱病態的話，終究會成為酸性體質一族。

當器官、組織、細胞持續處在「熱失衡」狀態時，只能依靠含水量約達90%以上的血液，來緩衝及降溫，隨著越累積越多的代謝產物熱，加上熬夜、失眠、各種壓力等生活上的負面情緒，椿椿件件都在加重累積熱的速度，終於連血液中水的降溫作用，也逐漸失靈。於是循環全身的血中二氧化碳量上升、溫度上升，並嚴重到連蚊子都可以辨識的程度。

各位讀者不妨立刻聯想到籠罩在溫室效應下的地球，當佔地球上97.6％的海水，無法緩衝或承受溫室效應所

帶來的熱能，於是海水酸化、北極永凍層冰融解也日趨嚴
重。同樣的，一旦成爲酸性體質家族，就好比開始進入地
球快速暖化的階段！最糟糕的是，酸性體質婦女不但會提
早老化，而且在衰老過程中病痛纏身，不但容易受到乳癌
發生因子的刺激，而且一旦發生乳癌後，也成爲容易擴
散、復發的乳癌病患。因此中醫在協助、治療乳癌婦女的
角色上，雖然表面是甩掉不容易出汗及酸性的體質，但我
個人認爲，有一定主導乳癌預後的定位。我發表在國際科
學期刊《ETHNOPHARMACOLOGY》的研究發現：

習慣使用中醫藥療法治病的婦女——

發生乳癌的風險比較低，而且得到乳癌後，在同樣西
醫的癌症治療條件下，合併使用中醫藥療法來輔助乳癌治
病的婦女，發生子宮內膜癌後遺症的風險比較低。

中醫診斷酸性體質的病態，是熱向血、裡或陰延燒的

結果，中醫對於含水量約達 90% 以上的血液降溫失衡的狀態，除了恢復皮膚、毛細孔散熱功能外，同時採取「涼血」、「滋陰」、「瀉火」等幾種療法輔助，來加速調理酸性體質。常用的中藥中以玄參最為重要。

玄參

金朝的名醫、人稱潔古老人的張元素，便稱讚「玄參乃樞機之劑，管領諸氣，上下肅清而不濁……以此論之，治空中氤氳之氣，無根之火，以玄參為聖藥。」

這「空中氤氳之氣，無根之火」很傳神的描繪出午後高大森林的狀態，夾雜著不通風的腐葉味悶熱濁氣，一如悶熱下酸掉的血液。而玄參是可以帶領氣體的流通，使混在血中氧中的二氧化碳濁氣，能上下肅清而不濁，改善使令人窘困、無法呼吸、像看不到火的悶燒熱息，能注入一劑清新流暢空氣般來降溫，而更重要的，在於玄參能治瘰瘰瘰癧（爛瘡、腫瘤塊）、產乳餘疾及癰腫，加上玄參能強陰、益精等的補虛功效，使得玄參成為治酸性體質、乳癌婦女的首選用藥。

石膏

是一味常搭配在含麻黃方劑開立的中藥，前面提到用含麻黃的小青龍湯，來活化不容易出汗體質婦女被寒閉塞的毛細孔，而一旦發展為裡熱的酸性體質時，此時就要調整為表、裡雙解的「大青龍湯」。大青龍湯維持小青龍湯用麻黃發汗，以散表實的熱邪，而同時重用石膏，以清鬱悶在內的裡熱。石膏在《本草經疏》中記載：「稟金水之正，得天地至清至寒之氣。」的確可以一清空中氤氳之濁氣，而達到療治酸性體質的功效。

常用於改善酸性體質的用藥，還包括：

知母

「下則潤腎燥而滋陰，上則清肺金而瀉火，乃二經氣分藥也」的知母，既能清熱燥濕，又能瀉火解毒。

黃柏

治瘡瘍腫毒的黃柏，能清心火，解瘡毒，又能散氣血凝聚。

連翹

兼有消癰散結之功，常用於處方中的藥材。

同樣的乳癌病人，也有不同的體質

西醫治療乳癌的藥，未必會針對不同體質的病人去做區分；如果是一個不容易出汗的病人，中醫在用藥上，就可能會採取「用藥發汗」的這種汗法來治療。不管是先天或後天因素，導致不容易出汗的體質，中醫師要先能調整病人的毛細孔開闔，便可以得到一定程度的改善。

因為病人身內已經有積熱、有酸性體質問題了，而酸性體質跟積熱，都會加重乳癌局部的問題延續。因此中醫會用一些清熱涼血的藥，讓熱不會繼續悶在裡面，也相對提升代謝功能，使病人體內的熱得以瀉出，使得代謝能順暢的排出，酸性的體質就會得到逐步的改善。所以會使用到清熱涼血藥如連翹、金銀花、蒲公英、半枝蓮、白花蛇舌草、黃連等藥。

現代人因只要在冷氣房待久了，就會慢慢形成酸性體質，尤其又不是一個習慣性會運動流汗的人，那就會讓毛

細孔處在實證的狀態，不能開闔自如的散發體溫。因此持續下去，便造就了酸性體質以及氣鬱的現象。一位乳癌病人，只要能越早脫離開這些陽證、熱證、裡證、實證的酸性體質，實際上在乳癌的整個治療過程中，預後會相對好得多。

睡眠，是極重要的修復體能過程

如果病人白天的發汗不夠好，身體有積熱，那必須要在夜晚有修復的機會；如果說晚上的修復機會少之又少的處於失眠狀態，那肝不藏血，血就不足，更容易讓血熱狀況火上加油。白天都已經是體溫排不出去了，夜晚又沒有辦法安靜休息來降溫，就會加重病情的惡化。這個中醫的理論，對照前文所述「現代流行病學研究指出，輪班工作者的睡眠剝奪，是乳癌發生的危險因子之一」，道理竟然是如此的契合。

我所主張的中西醫併治

　　早在七百多年以前，中醫就已將良性、高泌乳激素症的乳泣，及惡性乳癌的乳岩，診斷爲不同嚴重程度、不同階段，卻是起因於背景相同的「氣血不足」；並建議皆用補氣血等方劑爲原則來做治療。這是很妙的現象，這種納入全人診病的模式，非常不同於我身爲西醫婦產科醫師時看病的觀點，當把這兩種觀點整合在一起看病時，乳癌的診斷及治療又有了全新的樣貌。

　　以中醫的基礎理論來分類，乳癌爲偏屬於「陰性」的腫瘤，因爲乳癌病程從開始及發展過程中，沒有表現出異樣，沒有一般陽證、熱證發病時，會表現出來的紅、腫、熱、痛等等的病徵來提醒當事人要小心；一如典籍中對乳岩所形容的「不痛不癢，人多忽之，最難治療」。

　　由於乳房腫塊發展的病程，有時數年或更長，中醫界

有一派前輩認為：西醫療法5年的存活率看似成績不錯，但治療過程中生活品質極差，就算存活率更長，對病人的存活歲月相對辛苦，並不推薦採用西醫乳癌攻的療法，治療這種陰性腫瘤。但我主張乳癌的病人，不應捨棄西醫對乳癌的治療，而應該是尋求整合中、西醫療法，來對治乳癌始為上策。

太多的臨床個案顯示，治療乳癌過程中的各種不舒服，使用中醫療法有很高的舒緩成效，而更重要的是，有科學研究指出，用中醫療法合併西醫診治乳癌的病患，有比較高的存活率，這意味著：中西醫乳癌整合療法，相對於只純用西醫療法診治乳癌病患的存活率，是有加分的效果。而我個人的研究也顯示：

顯著下降乳癌復發及子宮內膜癌的發生風險

中西醫乳癌整合療法，相較單用西醫療法診治乳癌病患，有顯著下降病人乳癌復發，及子宮內膜癌的發生風

險。這些科學數據，越來越指出中醫藥療法，不但沒有消減西醫療法效果，或增加西醫療法副作用的疑慮，反而是對病患的生活品質、乳癌預後，都是比較好的治療選擇。

　　中醫一樣觀察到男女皆會發生乳癌；且對女性而言，尤其是已婚卻未曾生育、或單身者爲多。這與現今流行病學調查發現沒有哺乳、或生小孩的婦女，她們乳癌發生風險比較高，也是相當接近的觀察。由此可知自古以來，中醫師對「乳岩」也有很細膩的觀察，當然也提出了有效的因應治療方法。

　　中醫師會建議基於是陰證的濕痰，須多服「歸脾湯」、「人參養榮湯」等系列補法的方劑，並提出不可以像處理有紅、腫、熱、痛等陽證腫塊的「攻法」、或清熱解毒的「瀉法」，否則反而傷了乳癌病人的元氣。從古籍記載及中醫師經驗都指出：攻法、清法及瀉法的療法，只會加速乳癌婦女的死亡！由於自古以來，中醫沒有確診乳癌的穿刺、切片等器具，因此要證明這個論點的機會其實是不大的。而西醫手術的切除、局部的放療、全身的化學療法，每一項都直接針對乳癌腫瘤及細胞做除惡的追殺，這當然

是犯了中醫忌憚的攻法。

因此可以理解中醫界有一派的前輩,極力反對西醫療法的道理,尤其看到部分病患,在西醫療法積極介入後,半年之內病情的急轉直下;相較於完全不做侵入性治療的乳癌婦女,她可能一如古籍記載般,乳岩逐年或十數年漸漸變壞、惡化。但的確也有部分乳癌個案,在門診一直追蹤,也都沒有進一步變化;這些個案與死亡的乳癌婦女相比較,更加強了有些中醫反對西醫療法積極介入的觀點,如此一來,乳癌病人更成了夾在兩種說法下,更加無所適從、徬徨焦慮了。基於上述的理由,我提出了中西醫乳癌整合療法的主張,並用人群觀察的研究成果,佐證我主張的合宜性。

從確診到積極治療前

在要談乳癌的中醫療法前,一定要先就「乳泣」這個病的中醫診斷及治療多所了解:

中醫的「乳泣」;西醫的「高泌乳激素症」

宋朝《婦人大全良方》記載,乳泣就是「未產前乳汁

自出者，謂之乳泣。」也就是現今西醫所講的「高泌乳激
素症」。

乳泣，是身體血氣虛所導致

乳泣會導致月經經期的紊亂、經量變少、不排卵及不
孕，中醫主張這種乳汁自出，是身體血氣虛所導致，要用
「十全大補湯」，並將方子裡的人參、黃耆劑量加倍使用來
治療。

中醫的見解是：臟腑的血皆歸衝脈，而食物的精華經
由我們人體的心、脾兩個系統的運作而分解、吸收、轉化
等為身體所需，而使得衝脈脈氣充盛，能上行化生為乳
汁，下行化生為經血。若沒有懷孕哺育的需求，則每個月
下行為月經血，而不產乳汁。

但當婦女身體因為壓力、憂鬱、過勞等原因，耗弱自
己衝脈的脈氣時，身體無法適度調控上行產乳汁的能力，

因而也無法轉化上行產乳汁、下行成為經血的衝脈脈氣，於是就表現出與高泌乳激素症一樣的乳汁自行流出，且經量少或無月經症。由此可知，乳汁的產生過多，乳腺細胞的活躍及增加分泌，乃為身體氣血雙虛的緣故，而且需要用人參、黃耆這些藥材大補。

　　從現代的研究已知，乳癌是因為乳房乳腺管細胞（乳汁輸送管道，連接於乳小葉及乳頭間，約佔80%）或是乳小葉細胞（負責乳汁分泌，約佔10%）產生不正常分裂、繁殖而形成之惡性腫瘤，而且泌乳激素的高低也與乳癌的發生與否高度相關。

乳房乳腺管圖示

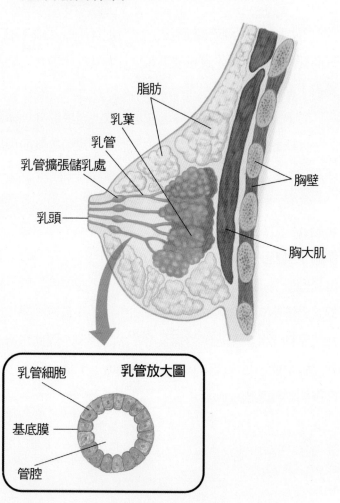

脂肪

乳葉

乳管

乳管擴張儲乳處

乳頭

胸壁

胸大肌

乳管放大圖

乳管細胞

基底膜

管腔

「甲狀腺素」與「腎上腺素」

甲狀腺素是甲狀腺激素之一，有促進細胞代謝，增加氧消耗，刺激組織生長、成熟和分化的功能，並且有助於腸道中葡萄糖的吸收。

從中醫的生理分類，腎上腺素大致上呈現部分「心陽」的生理機能，當這個「陽」的生理機能不足時，就表現出如倦怠、食慾減退、頭暈、無力、低血壓等「陰」的病症。

會提到甲狀腺素及腎上腺素的主要理由，是兩者都與刺激乳汁分泌的泌乳激素高度相關。研究顯示：原發性甲狀腺低能症（primary hypothyroidism）的病人，約半數可見輕度高泌乳素血症（25-40μg/L），可能導因於腦下腺促乳素細胞對甲釋素的敏感度增加所致。皮質類固醇，已知能壓抑泌乳素基因的轉錄及泌乳素的釋放，因此也常在腎上腺功能不足（adrenal insufficiency）的病患身上，有合併高泌乳素血症的發生。

「從根治起」的策略

　　我要強調的是，無論是原發性甲狀腺低能症（primary hypothyroidism）的「肝、腎，陽不足」，及腎上腺功能不足的「心陽不足」，中醫皆分別採用補心、肝、腎、脾來做切入治療。由此可知，治療乳癌的背景來源，是減少持續刺激泌乳相關在乳房或乳癌腫瘤的受器細胞。

　　這方面中醫在治療良性高泌乳激素症，及惡性乳癌的策略是一致的。我個人認為，這是一種很「從根治起」的策略，因為切斷了乳癌起因的泌乳刺激及訊息，減少了乳癌細胞的後援，便等於瓦解乳癌細胞最喜歡的生存環境。

活血化瘀的疼痛處理

　　如果病人在手術前，沒有做好中醫介入調養身體的準備，那麼手術之後，無疑是一個災難的開始。試想，如果一個國家沒有足夠健全的財政體質，哪禁得起襲捲全球的金融海嘯？一次金融海嘯，便足以讓一個體質虛弱的國家

負債累累，或長期的成為仰人鼻息、任人宰割的病勢奄奄待斃之國。

身體也一樣，乳癌已是氣血不足、傷害至深的病症，已虧損的氣血，若既無透過減少生活壓力調整，還持續過勞、又沒增加規律運動等來補強體力，便接受後續療程的強力耗損，比如直接做化、放療，當然讓全身狀況、手術後局部傷口重建等工作，處於非常的劣勢。

手術部位感染，是乳房手術病患常見的合併症之一，先前的研究顯示乳房手術的平均感染率為 12%，如果只是診斷的小面積組織切片，其感染率最低為 2%，若是切除腫塊的手術，其感染率上升到約 10% 左右，若是根治的乳房切除，感染率甚至於高達每五位就有一位的傷口發生感染，比率算是滿高的。

氣血循環好，局部傷口恢復快

有很多因素會影響到手術部位感染的高低，如肥胖、手術時間、引流管、抽菸、糖尿病等等，但最重要的仍然在本身手術前病人的「免疫力」及「氣血循環是否良好」，若免疫力、氣血循環好，局部傷口恢復快，就可避免掉局

部傷口感染的機會。局部傷口的感染，即便恢復了，若是局部所累積的疤，形成一層厚厚的屏障，並不利於後續放、化療需穿射過皮膚或透過血液循環，去狙殺乳癌細胞等的治療效果。

仙方活命飲

白芷3克、貝母6克、防風6克、赤芍藥6克、當歸6克、甘草6克、炒皂刺6克、天花粉6克、乳香6克、沒藥6克、金銀花9克、陳皮9克。

具代表性的中藥複方「仙方活命飲」，是一個直接針對乳癌切除傷口的發炎、傷口癒合不良或放射療法的組織纖維化等的對治良方。

前人稱此方為「瘡瘍之聖藥」外科的首方，方中金銀花清熱解毒，清散癰腫為君藥；當歸、乳香、沒藥活血散瘀、消腫止痛；防風、白芷疏散外邪、使熱毒從外透解為臣藥；陳皮行滯以消腫，貝母、天花清熱散結；皂刺通膿潰堅為佐藥；甘草清熱解毒，和中調和諸藥為使藥。君臣佐使諸藥合用，則熱毒清而血瘀去，氣血通而腫痛消，則

瘡瘍自癒。

中藥包的熏蒸、熱敷

　　爲了不殘留日後長期的局部乳房傷口疼痛及減少傷口感染、加重淋巴回流的障礙，被感染的傷口不可等閒視之。中醫師會視病人情況，在開刀的部位以中藥包熱敷方式幫忙活血化瘀、幫助組織再生。因爲接下來將面臨的大陣仗，是要用化療藥物去追殺癌症與乳房的殘餘組織，如果組織再生循環不好，化療藥物就追殺不到癌細胞的餘孽。

針灸治療

　　中醫師和病人一樣，當然期望及早限縮乳癌細胞於乳房局部內，而達到不轉移的目的。所以會建議病人接受針灸治療。

　　聽到這個建議的病人，第一個反應是：「什麼？針刺乳房？那不是很痛嗎？怎麼受得了？」

　　其實不然，因爲使用的針短且細小，大多有此疑問的病人在針刺完後就鬆了一口氣。在手術前，胸前下針會依

天池、天谿、胸鄉、周榮、極泉等穴位下針，這些都是最
會產生硬塊的地方。如果能讓這些局部地方的氣血保持通
暢，實際上大大的勝於僅僅服藥的功效。

在手術後的療程，不宜針刺患側乳房穴道，此時可以
針刺健康乳房的穴道，以通調患側乳房的氣血，中醫師也
會依病人不同體質，在非乳房區的遠側施針，也常輔以復
溜、支正、飛揚、養老、間使、魚際、內關、大陵、豐
隆、天宗等穴道，做加減針的隨症調整。

選穴下針，封鎖轉移

腋下淋巴結轉移與否，是乳癌分期的依據及最重要的
預後指標之一。因此在乳癌手術前，針刺相關乳房淋巴循
行及分布的穴位，是另一個除了針對腫瘤位置外，選穴下
針，防範轉移的重要考量。

胸部淋巴系統乳房組織與中醫的經絡穴位

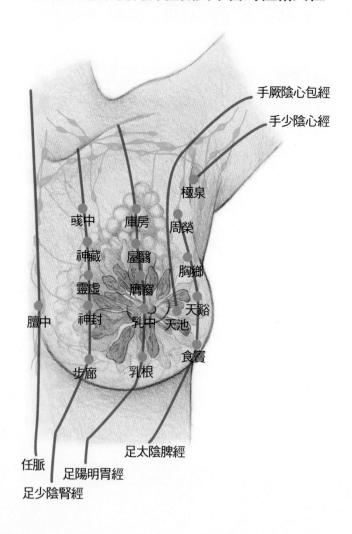

手厥陰心包經

手少陰心經

極泉

彧中　庫房　周榮

神藏　屋翳　胸鄉

靈虛　膺窗　天谿

膻中　神封　乳中　天池

步廊　乳根　食竇

足太陰脾經

任脈

足陽明胃經

足少陰腎經

化療時的中西醫整合治療

　　若乳癌腫瘤大於 1 公分、有腋下淋巴轉移、荷爾蒙接受體陰性、HER2 基因陽性等的高風險病況，一般在手術後，腫瘤科醫師會建議病人要考慮接受化學治療。化學治療可作為乳癌術後的追補與預防性治療，主要為治療可能隱藏的殘存癌細胞；或者是為了使腫瘤先縮小後再開刀；或者緩解乳癌轉移。化學治療雖然有顯著治療乳癌效果，但副作用卻是大部分乳癌病人所難以承受的惡夢。

化學治療，造成暫時性的骨髓抑制

化學治療全面毒殺所有會分裂的細胞，因而導致白血

球降低、貧血、噁心、嘔吐、掉髮、便秘、虛弱、口腔炎、口腔潰瘍、皮膚疹、手足症候群等非常不舒服的症狀。

部分原因是化學治療藥物，除了殺死一些在分裂中的癌細胞外，同時也造成暫時性的骨髓抑制，這個結果違背了中醫營造一個不利乳癌細胞生長，或擴散的體質調整原則，因此我個人認為，中醫療法一定要同時積極介入。

化療藥物造成骨髓抑制的結果，是嚴重傷陰的過程，一下子強力的壓抑了身體中產生「陰」的本質。中醫認為一個人要健康，一定如《素問‧生氣通天論》所言的「陰平陽秘，精神乃治；陰陽離決，精氣乃絕。」因此化療的當下，就是處在「陰陽離決」的失衡狀態，身體朝著精氣絕的病態貼近，臨床上表現出與陰有關的身體組成如血、津、液、膠質等，呈現嚴重不足的狀態。

想像一具沒有足夠冷卻，卻不停轉動過熱的引擎，就是陰陽離決的現象！當精氣絕的時候，就是引擎燒壞的時候。又好比一個水源破壞的綠洲，當精氣絕的時候，就只剩下烈日下的荒蕪沙漠了。當化療的醫師看到病人的白血

球低下、貧血等指標，都快要被打趴破表時，會停止化
療，並給予如濃厚紅血球液的輸血，或施打紅血球生長激
素（erythropoietin）等措施，這好比是久旱後下幾滴小雨，
能支撐被打趴了的「陰不足體質之下」病人的身體是很有
限的。

　　臨床上我個人認為，此時若加入中醫療法，可減少陰
陽離決，精氣絕的治療期病症，及提升化療後的身體製造
紅、白血球這些陰質工廠復工的速度。中醫的作法特別著
重在補陰、補血，重建消化系統功能，因此含有黃耆、人
參等的補中益氣湯、小建中湯、參苓白朮散等方劑，搭配
著重用當歸、白芍、女貞子、茯苓、生熟地、補骨脂、木
香、龍眼肉、陳皮等常見的處方組合，或如人參養榮湯、
當歸補血湯等，也都是常依體質辨證，在化療期間或之後
常用的藥材及方劑。

　　實際上，這些中醫師常開立的中藥，很多也被近代的
研究陸續證實臨床的效果，如黃耆、補骨脂、鹿角霜、龍
眼肉、杞子，對升高白血球有一定療效。黨參、黃耆有促
進淋巴細胞轉化作用，提高巨噬細胞吞噬功能。隨著每位
婦女原本體質的不同，對化療藥物的反應又有些不同，對

於療程中如果另有頭暈、失眠、心煩、口渴，有時牙齦或鼻出血、潮熱、盜汗等症狀時，中醫診斷屬於陰虛時，使用的中藥則會多開生地、天冬、麥冬、天花粉、玄參、五味子、旱蓮草、丹皮、阿膠、沙參、地骨皮等藥。藥理研究顯示，天冬、麥冬、沙參，有促進免疫球蛋白形成，可以一邊扶持身體的正氣，一邊則能有抗癌的功效。

很重要的一點，是在化療暫停的期間，這個階段的中醫處方，不能採單純的扶正策略，爲避免乳癌細胞藉此空窗期轉移或增大，中醫師除了判斷病人的氣、陰兩虛程度，處方扶持全身正氣之外，同時開立白花蛇舌草、夏枯草、露蜂房、半枝蓮等清熱、解毒藥，試圖局部攻堅、或毒殺乳癌細胞的處方，是非常重要的。

臨床上，我常用一個補腎的名方「五子衍宗丸」，這處方取的是五種組成藥皆用「種子」，「以子補子」，有添精補腎，助於繁衍宗嗣的作用，所以被稱爲「五子衍宗」。

五子衍宗丸

枸杞 400g、炒菟絲子 400g、覆盆子 200g、五味子 50g、鹽炒車前子 100g。

　　五子衍宗丸，方中有「補益精氣，強盛陰道」的枸杞；「治男女虛冷，添精益髓，去腰疼膝冷」的菟絲子；「益氣輕身，令髮不白」的覆盆子；「勞傷羸瘦，補不足，強陰」的五味子；調理「不欲食，養肺強陰益精」功效的車前子。這些都是古籍中記載，有添精補腎作用的種子，很妙的是，好像我們在寸草不生的沙漠，重新播種出新生的意涵。

　　中醫另一個用藥的高明之處，在於五行觀念，在陰、津液、腎不足的病態下，會考慮到母子相生的調理及用藥觀念，中醫認為五行中肺系統的「金」，是腎系統「水」之母（在五行生剋中，肺金生腎水，故有母子相生的相輔相成作用），因此補強肺系統，有助於腎系統病態的恢復，專業的中醫用語為「金水相生」。金既為水的上源，因而用藥指導原則，常會搭配清燥救肺湯、百合固金湯等肺系統的方劑，並衛教病人多做深而長的呼吸功法，打太極拳，快走或甚至於慢跑，來強化心肺功能。

　　噁心、嘔吐，絕對是乳癌病人接受化療的惡夢，因此化療醫師會依病人接受高度風險致吐的化療藥物時，給予類固醇、鎮靜安眠藥物等止吐藥物。我個人認為類固醇在

此處的用法很妙，它有加強止吐的效果；以類固醇作用的
藥性，中醫會將它歸爲「不宜長期使用的補陽藥」，這與
前述中醫「以補的方向調理虛掉的體質」，是類似的道理，
只是這純化的「美國仙丹」，眞能「短期間治百病」。但類
固醇衍生的胃出血、水腫、水牛肩等副作用，常令病患殘
留長期的副作用。

相較類固醇，同質性的中藥溫和多了

　　類固醇短期用雖然是好藥，但同質性的中藥則溫和多
了，中醫師會評估病人的腸胃狀態，是導因於肝血不足而
形成肝木剋脾土，造成了腎虛、或陰虛陽亢的現象，而決
定採用藿香正氣散、半夏天麻白朮湯、逍遙散或濟生腎氣
丸等方劑作爲止吐的治療。在這類補血、補陰的療法下，
我會推薦乳癌病人做一些微微出汗的蒸氣浴，以利代謝和
循環的恢復。

　　《素問・靈蘭秘典論》中說：「脾胃者，倉廩之官。」
金元時代著名醫家李東垣，在其《脾胃論》中指出：「內
傷脾胃，百病由生。」可見中醫的療法，原本就很重視消
化道的功能，有所謂的脾爲「後天之本、氣血生化之源」。
這種認知，在病人接受化療階段尤其重要。如何在看到、
吃到任何東西都噁心、嘔吐的情況下，吸收足夠營養、能
保持基本的體力，並能對戰乳癌殘遺的嘍囉，就變得特別
重要的盤算。除了上述的用藥外，還有針灸療法、紅外線
療法及食療，而其中食療又是一特別具中醫特色的療法，
值得乳癌病患參考：

雞湯，重點在「精華的濃度」

　　吃雞肉、喝雞湯，不稀罕，重點在「精華的濃度」！
　　對中醫而言，雞肉性味甘溫，能爲人體主要提供的是
蛋白質，不但溫中益氣、補精添髓、強筋健骨、活血調
經，對虛勞、消瘦、水腫、病後虛弱、久病體虛、健康調
理、產婦補養等等效益都很顯著。在陽明醫院的中醫部，
便有依古代經典自製的人參雞湯，醫師會依病人需要開處
方，讓病人以最方便的方式來補元氣。

　　讀者朋友若仔細觀察，雞煮熟後在雞皮跟雞肉中會有一層透明的雞凍，算是雞的膠質，在滴雞湯的時候會浮在上面，不少朋友會把它刮掉，我認為應該吃下去。有人把它刮掉是擔心雞萬一被打針，最容易會存在脂肪層或是膠質層，因為這些地方沒有血管，只要藥打進去就不會出來。

　　時下有不少「有生產履歷」的雞，讓消費者能比較安心食用，對這樣的一隻沒有食安疑慮的雞，我建議連骨頭都不要放過，意思是雞本來就是整隻可以吃個精光的。雞皮就不用講了，很多膠質都存在皮中，中醫很早就知道這些皮的重要，不論是豬皮、魚皮都一樣，不要不吃。

　　距今約兩百多年清代著名醫學家徐靈胎，在所著的《神農本草經百種錄》特別記載了雞的藥用特性，認為「雞于十二地支屬酉，而身輕能飛，其聲嘹亮，于五音屬商，乃得金氣之清虛者也。五臟之氣，木能疏土，金能疏木，雞屬金，故能疏達肝氣，是難得可以調養肝血，補脾養血的上品食療」。

　　十多年前，我開始大力推廣滴雞湯的作法，用來作求診病患調補身體的中醫食療處方。由於有很好的恢復身體

功能及體力的效果，在病患間廣爲流傳，由於製作過程不見得病患皆能親力親爲，於是有些食品廠開始投入「滴雞精」的成品製作生產，沒想到十年後的今天，滴雞精竟成爲眾多食品廠爭食的大餅，據報導，全年的年產值上看20億，眞是始料未及。

當我把再普遍不過的雞湯，濃度加大到一天或兩天，濃濃的熬碗全雞的精華出來給病人滋補用，就成爲一個比用藥更強的治療手段了。這是中醫一直在治療學上，尙未廣爲向病患推廣認知的一塊。不過從我設計出滴雞湯的觀念，並要求病人落實去飲用，臨床上的確是幫助到了很多病人。我還是要說：「如果時間允許，請用新鮮現買的雞，若用電鍋來滴雞湯，並不麻煩，起碼對這碗雞精的純度，自己是清楚知道的。」

根據我的經驗，會依病人狀況，最好一天滴一隻雞的濃湯來喝，怕油的人可待雞湯冷卻後去除上面的浮油，再喝澄清的雞湯汁；不怕油的，可連油的雞精一起喝，喝後若有拉肚子的現象，再酌情少量多餐服用。這對於虛寒體質，再加上手術、放、化療後，尤其倍覺冷感、肌膚、陰道膠質流失、乾燥的病人，尤其合適，因滴出來濃濃的雞

湯，含了豐富的膠質。

滴雞湯

- 中型全雞（建議公土雞，少油膩），去除內臟，切成 5、6 塊。
- 入鍋前用刀背輕拍打過，雞塊可先將肉劃開較易滴出雞汁。

—— 使用「電鍋」作法 ——

- 雞放入電鍋的內鍋後，用耐高溫保鮮膜緊封，再用棉繩捆綁緊；加蓋適中盤子以免蒸氣外洩。
- 外鍋倒入電鍋量米杯 3 杯的水。
- 內鍋需置蒸架上，防止水蒸氣進入內鍋。
- 待電鍋跳起，外鍋再放 3 杯水，連續 3 次，所需時間約 2 小時。
- 將雞肉撈起另置，湯汁精華處理一如瓦斯爐作法。

—— 使用「瓦斯爐」作法 ——

- 以瓦斯爐中火蒸燉 4 小時，注意需於鍋內隔水蒸，

鍋內的水量勿燒乾。

● 取出裝盛雞汁碗置冷後，放入冰箱冷藏室，待表面
雞油凝結成硬塊後，撈出另盛，可於炒菜時利用。

「滴雞湯」瓦斯爐作法示意圖：

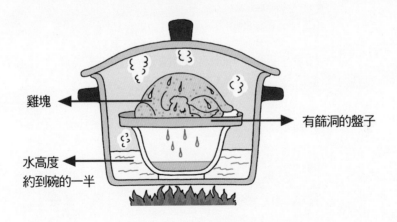

雞塊

有篩洞的盤子

水高度
約到碗的一半

—— 服用法 ——

● 每日一隻雞，雞汁分兩次或多次飲用皆可，溫熱飲
用，可放少許鹽。

● 病人不需再食用雞肉。

雞搭配藥材的食補

中醫針對不同體質，調配不同的處方，而且可以加在雞湯中一起烹調，不但沒有吃藥的感覺，而且還是味香純美的佳餚！

－食療雞湯－

補氣、補血、疏肝，是乳癌婦女調理的基本，有補脾疏肝、補血安神的功效。

材料：

白芍 10g，當歸 15g，白朮 15g，柴胡 3g，遠志 3g，甘草 0.9g，雞肉（量依喜好增減）、鹽、米酒。

作法：

● 將中藥材洗淨後置一旁備用，當歸洗淨後浸泡米酒中；雞肉洗淨後放置一旁備用。

● 準備兩個鍋子加入八分滿左右的水，煮滾後一個用來汆燙雞肉，去油脂及血水；一個用來煮雞湯。

- 待水滾後將中藥材放入鍋中燜煮，當歸除外。
- 將中藥材煮約 10 分鐘後，將雞肉放入鍋中轉小火燉煮。
- 待雞肉煮熟後最後再加入當歸，即可開始調味。
- 依喜好加入適量的鹽巴和米酒，即可食用。
★ 此湯對於服後腹脹、拉肚子者不宜，或有燥熱體質，食用後有痔瘡、便血、流鼻血者亦需停止服用。

一八珍雞湯一

這雞湯適合氣虛、血虛及虛冷體質，方中有補血之四物湯、補氣之四君子湯，可調和營衛，氣血雙補，適合面色蒼白或黯淡，容易頭暈、四肢倦怠、疲倦不欲言，心悸及食慾不振婦女之調養。對於氣虛或虛冷型體質的乳癌婦女合適，比食療雞湯更具補氣血的功效。

材料：

● 雞 1500g。

● 補血的「四物」：當歸 15g、生地黃 15g、芍藥 10g、川芎 10g。

● 補氣的「四君子」：黨參 15g、白朮 10g、茯苓 10g、甘草 5g。

● 調料：鹽 8g、料酒 15g、大蔥 10g、薑 10g。

作法：

● 將雞放入沸水鍋內汆燙約 3 分鐘，撈出去血水後，切成大塊雞肉。

● 裝當歸、黨參、川芎、白朮、赤芍、茯苓、甘草洗淨，用乾淨紗布裝好，紮口備用。

● 藥袋、雞塊及調料放入砂鍋內，倒入 5-7 碗水，用旺火煮沸，撇去浮沫，再轉用文火燜煮至雞肉熟爛。

★八珍雞湯為補養方，風寒感冒、蕁麻疹者不宜，月經期間、手術後傷口未痊癒者、疾病感染期，均要

避免使用。

－山藥白果烏骨雞湯－

對於氣虛或虛冷型，常覺膀胱無力、頻尿或記憶力減退體質的婦女合適。亦可用於腸胃較弱，抵抗力差，長期精神耗弱病人食用。

材料：

芡實 6g、茯苓 6g、枸杞 6g、杜仲 10g、益智仁 6g、白果仁 50g、山藥半斤、薑片 3 片、烏骨雞（量依喜好增減）、鹽適量、米酒。

作法：

- 將中藥材洗淨後置一旁備用；白果仁洗淨後再用水浸泡後備用；山藥洗淨後，削皮切塊後備用；雞肉洗淨後放置一旁備用。
- 準備兩個鍋子，一鍋水約五分滿，用來汆燙雞肉；另一鍋水約八分滿，水滾後將雞肉放入熬雞湯。

● 雞湯滾後約 5-10 分後，將所有藥材、薑片放入後轉小火熬湯。

● 待湯頭顏色改變約 20-30 分，雞肉煮軟後，即可依喜好加入鹽巴、米酒，調味完即可食用。

★生白果有毒，炮製炒後能降低毒性，增強斂澀作用，具有加強膀胱功能的功效。但每人每日建議量不宜超過 10g。

一仙草雞湯一

仙草雞要用乾的老仙草，仙草越老會越有膠質，搭配夏枯草有散結作用，可加些枸杞在內，雞湯有枸杞自然的甜味，便可不需多加調味料。

材料：

土雞半隻約 1 斤重、乾仙草 40g、夏枯草 20g、枸杞 30g。

—— 使用「電鍋」作法 ——

- 汆燙切塊土雞，放入內鍋。
- 仙草乾切碎洗淨，夏枯草洗淨，連同枸杞一起放進
  電鍋內鍋。
- 外鍋放水 3 杯，煮至電鍋跳起即可。

—— 使用「瓦斯爐」作法 ——

- 小火慢燉，但雞湯會比較濃，不像電鍋蒸出來的較
  清澈。

吃膩雞湯，可用富含膠質的豬腳取代

　　對於氣虛或虛冷型體質的婦女合適，吃膩了雞湯可用
富含膠質的豬腳取代。豬腳因豬蹄中有豐富的膠原蛋白，
又有鈣磷礦物質，有強健疏鬆的筋骨、振奮精神、補益強
身之效。

－黃耆黨參燉豬腳－

材料：

黃耆 15g、黨參 12g、紅棗 10 粒、花生 50g、黑木
耳（依喜好增減）、豬腳 1 斤半、鹽、米酒。

作法：

● 將中藥材洗淨後，將藥材裝入紗布袋中；豬腳洗淨
　後，切塊放置一旁備用。

● 準備兩個鍋子加入八分滿左右的水，水煮滾後一個
　用來汆燙去除豬腳的腥味及油脂；另一鍋加入中藥
　材、黑木耳及花生燜煮。

● 待水滾後，將豬腳放入鍋中以小火燜煮約 2 小時。

● 待豬腳煮爛後，依喜好加入鹽巴調味及米酒即可。

★免疫反應強烈，有血熱、實熱的婦女不宜服用。

第三章

伊朗之行

無智亦無得的大智慧

賈愛華

　　這可真是我夢寐以求的事，伊朗是個沙漠，卻含有豐富的石油，大大不同於臺灣，我決定接受邀請，去尋找我生命所缺的。沒想到卻得不到親人與家人的支持，經常三更半夜輪流打電話，規勸我打消出國的念頭，不要「直著出國、橫躺回來」，大家都怕我在旅途中陣亡，當然其中包含了我的丈夫與孩子們。

　　雖然他們不敢明說，尤其是我那從事旅行社業務的大妹，居然有意敷衍我的機票訂購，大弟更是引經據典的曉以大義，我告訴大弟：「若你們拚命阻攔，我大不了向其他業者訂購機票就是，為了區區機票，你們每天這樣連勸帶威脅的，搞得我無法好好休息，拜託，請讓我如願以償，高高興興地出國吧。」

　　那時的伊朗，正處於戰爭的邊緣，美國隨時隨地可能

攻打伊朗，而以色列也蠢蠢欲動準備引發戰爭，怕伊朗的
核武成形，造成中東的危害！所以除了機票外，該煩惱的
事還有很多，只好向有經驗的臺灣大學教授請教出席伊朗
大會的經驗，好準備充分再出國。這是我第一次造訪阿拉
伯世界的國家，那邊的婦女是不被允許露出四肢、頸部與
頭髮，我也準備好在大熱天穿的長袖衣物與頭巾，還好校
內有一兩位體型與我相當的女同事，只好向她們告急借幾
件夏天穿的長袖衣物，準備成行。

出國，讓眼睛享受點吃冰淇淋的樂趣
對生活又感到樂趣與幸福

這時我的身體仍然是很虛弱，剛完成第五次的重化
療，早就失去所有的味覺與冷熱感，覺得生活非常乏味、
一點樂趣都沒有。記得我赴美求學前，問學姐如何打發異
國無聊的日子，她當時告訴我：「人看人，也很有趣！」
因為她在紐澤西州讀書工作，過了哈德遜河，到了紐約
市，坐在市立圖書館前的台階上，看著街上的各族裔的行
人，尋找其中樂趣，很輕易就將周末打發了。

其實我也如法炮製過，坐在台階上，欣賞各種各樣膚

色、髮型與穿著的人，如走馬燈般的從眼前經過，享受著空氣中充滿的自由、自信、自在與幸福的氛圍。我決定出國讓眼睛享受點吃冰淇淋的樂趣。還好我的先生與二女兒不放心我，自願與我同行，前往與臺灣無邦交的伊朗。

由臺北出發經曼谷轉機，花了一天一夜，終於在深夜抵達德黑蘭機場，接待人員早已在機場等候多時，一直等到天亮人到齊，才將我們安頓至五星級飯店入住，猶記得當天的日子正是 9 月 11 號，我的生日！大會招待我吃任何大餐都免費，很是有趣。

在開會前，我們參加了大會舉辦的會前旅遊，搭俄製的伊留申飛機，造訪設拉子和伊斯法罕古城，在社拉子造訪波斯神廟的遺跡與水晶鏡宮，沒想到出遊第一天的中午，大會接待我們去吃印度料理，沒想到吃完第一道生菜沙拉，不知沙拉中的什麼香草料，使我味覺的酸甜苦辣，居然又回復了！

晚上照鏡子發現舌頭上又布滿了亮晶晶的味蕾，原來化療使它們都像潛水艇般沉到舌面下去了，沒想到吃一道生菜沙拉，竟有如此大的療癒，使它們像升旗般又升到舌面上，執行起它們的任務了。雖然有味覺，卻還不是很靈

光，我把檸檬當柳丁大快朵頤的吃了，很鹹的食物吃起來，覺得很淡、好吃，忍不住大吃特吃，害得先生與女兒好緊張，不停在旁叮嚀：「這道菜很鹹，別吃太多，小心對血壓不好。」呼，終於，我又對生活感到樂趣，覺得很幸福，吃東西終於不再是像嚼蠟般無趣，看來伊朗行真是來對了。

伊朗土地約臺灣的三十八倍大，人口八千萬，是世界第二大的產油國，自從柯梅尼革命當權後，伊朗成了一個宗教和政治合一的國家，宗教領袖也是政治領袖，我在伊朗的所見所聞，發現伊朗人民非常非常的友善，會主動的跟我們打招呼、聊天與要求照相，民生物資非常的便宜。柯梅尼生前曾告訴他的國民：「凡是美國人可以享受到的，我們也可以很輕易的享受到！」

大會後我參觀了伊朗的國家珠寶博物館，柯梅尼頗有臺灣鄭成功的作風，將黃金珠寶不急之物，委託國家第一中央銀行管理，在地下金庫的博物館中展出，將革命獲得來的鑽石、黃金、珠寶、皇室家庭用品衣物，全數歸國家所有，賣油所得換成民生物質與民共享，是一個均富的社會。

　　令人驚訝的是回教的教義與佛教類似，皆有輪迴的觀念，但不同的是他們的極樂世界是當下的居住環境，而非看不到、摸不著的西方極樂世界。皇家醫學會舉辦國際學術會議乃是爲了促進醫學的進步，使得國民未來輪迴的生命，再度降臨至伊朗時，能得到比現今更好的照顧，所以伊朗皇家醫學會，不斷斥資地促進其國人在醫學研究上求進步。

　　當一位執政者發揮他的大智慧來治理國家，眞正達到《心經》上所說的大智慧——無智亦無得的境界；沒有一項政策與作爲，是爲了自己私人荷包內的所得而努力，一切的努力所得與國民共享，達到「禮運大同篇」的天下爲公大同世界。我在媒體所見所聞的伊朗，和我親身目睹的伊朗，眞的是有天壤之別。

國家不強的話
連文化都被掠奪，何況民生與科技

　　伊朗皇家學會所舉辦的「國際生殖生理與幹細胞世界大會」，並非邀請學者來發表其未出版之最新發現，而是要求學者發表他們在國際知名醫學期刊上發表過的文章。

主要是伊朗與西方列強不夠合作，年年受到英、美的經貿制裁，導致他們國內的學者因經貿制裁，而無法上網或在圖書館裡收集到最先進的醫學相關研究資訊、重要參考書籍。因此伊朗皇家學會參考英、美知名雜誌上發表之文章，邀請作者現身說法，並彙集他們的科學論文 PDF 檔，提供國內研究所需，真沒想到國際政治的角力，會影響迫害伊朗科學發展至如此地步！

　　我參加大會的會前旅遊，去參觀伊斯法罕古城中的波斯皇宮與波斯的清真寺，這些地方是世界著名的文化遺產。建築不用光、電，已經達到建築與環境交互作用的最高境界，堪稱古代的綠建築。也看到了拔都西征時所建立的伊爾汗國的皇宮（四十柱宮），壁畫中伊朗的伊爾汗國打敗印度國王，取得世界最大的兩顆寶石；其中一顆目前仍留在伊朗的博物館內，而另一顆當年已經獻給了英國伊麗莎白女皇。在參訪古城設拉子的波斯神廟時，發現比較完整的雕像與入口的建築，已經被英國掠奪，陳列於大英博物館中，而德黑蘭的國家博物館僅能展示複製的贗品，與中國類似，國家不強的話，連文化都被掠奪，何況百姓生活與科技。

　　當今最強的國家美國，號稱是「現代的羅馬帝國」；不管世界上的哪兩個國家打仗，以中東為例，雖不能與古代相比擬，不會因為任何一個國家打勝仗，而獲得土地、財富、奴隸等等利益，而是美國坐收一切的戰利，大發「戰爭財」！贏的國家向她買武器，輸的國家，美國提供免費或低價的油品，並陷交戰雙方國民生活於飢饉疾病的水深火熱中。

　　比如當今的伊拉克，伊朗與伊拉克交界處的居民，尤其是婦女，對化武與核武憂心忡忡，普遍發生了不孕症的現象，迫使伊朗皇家學會舉辦「國際生殖世界大會」，想方設法解決國人的生殖問題，我不禁想起難道臺灣就沒有「不孕症的現象」嗎？差別只是不在「化武與核武」的威脅嗎？

　　在臺灣，政府「無為而治」，任由不肖的商人哄抬物價、企業壓低員工薪資所得、汙染生態環境、食安頻傳、大賺黑心暴利的不肖廠商，視律法形同無物，請問國家的公益在哪裡？政府居然大剌剌的漠視了人民的基本生活所需，使得當下年輕人對國家社會沒信心，自暴自棄、不敢結婚、不敢生小孩，使得臺灣人口生育率驟降，人口老化

驟增，使國家失去國際競爭力與未來！真的是令人憂心不已……

自三國諸葛孔明以來，讀書人嚮往的是「有智亦有得」：智慧，普遍不是來謀眾人之福利，而是為自己鑽營福利所得，棄大眾於不顧的自私自利。每逢選舉，候選人的心態是選前才智放閃、願景支票滿天飛，百姓手上的一張選票，不知為何總是濫情又理盲的投，到頭來不是選賢與能，而是一再的扶出一個又一個的「阿斗」來毀天下！人心至今仍是如此，歷史也一再輪迴不已，從事教育工作又是乳癌患者的我，心有餘卻力不足以改變什麼，如果國人不肯出於善念地合作，試問如何使這塊土地強盛與進步？

當我這非常明顯的東方黃種人出現
一路上享受著被人看的樂趣

伊朗是一個非常有趣的國家，聽說有很多的高速公路，是由臺灣的榮工處所承包建造的。馬路上跑的都是一些蒙了厚灰塵的名車，因為年雨量很少，沒有水可以洗車。更有趣的是，不知道該如何在伊朗開車？

　　每一個與會的外籍人士，看他們開車的方式都在「喊救命」，明明是兩線道，變換線道從來不打方向燈，下班時，兩線道會塞成六線道，還不如下車用走路比較快。他們喜歡有高聳直挺的鼻梁，所以在路上看到很多年輕男女，戴著一個白色的鼻罩，我好奇追問：「這些人怎麼這麼容易受傷，都把鼻梁弄斷了？」隨行的地陪笑著解釋：「不是啦，是大家愛美，動了鼻梁的整形手術。」怪不得他們的長相差很多。

　　伊朗曾經被蒙古人統治過，四十柱宮壁畫中的主人拔都，早已不在這塊土地上了，但當我這非常明顯的東方黃種人出現在路上時，居然一路上被路人攔截，要求合照！伊朗的人民因宗教關係生活規律，律己很嚴謹，不能喝含酒精、咖啡因的任何飲料，沒有聲色場所與霓虹燈，生活滿單調，沒有什麼娛樂。致使他們覺得「人看人」是件很有趣的事，沒想到我也能成為他們生活中見聞的新鮮事。

　　從來沒有人對我這麼有興趣過，拜託，我才剛化療完，臉色發黑不好看，居然他們視我為古代壁畫上的蒙古人，又重現在現代生活中；只因我戴了一頂蒙古毛帽保護頭巾下的光頭，沒想到我觸動了他們歷史的心弦。甚至在

與會的會場中，年輕人也簇擁著我爭相要合照，他們的熱情真是令我感動。如果在臺灣，走在路上，像我這般平凡的婦人，誰會理我呦？他們溫暖了我生病後落寞的心情！

　　伊朗有名的是空中花園，因為不下雨，旅館的頂樓就布置得像一座美輪美奐的空中花園。在大木板床上鋪上波斯地毯，頂著日月星辰與天地，坐在地毯上用餐並享受良夜美景，彷彿坐在一千零一夜故事中的飛毯上，真是好玩！伊朗人對我們非常客氣，請他們幫忙確認經濟艙的回程機票，結果他們居然幫我們升等成頭等艙，讓我直接爬上飛機內的樓梯，坐在飛行員的後面。至今我還滿懷念他們對我付出的愛心與照顧，溫暖了我因化療而受傷的身心靈。

賴榮年　看診

被誤解的中藥

　　以中醫學來講，論斷中藥材，要深究它的生長地理環境、年份、偏性、氣味、歸經⋯⋯是門奧妙的大學問；那為什麼看診癌症的西醫，會對某些中藥材有偏頗的建議，特別交代給病人？

　　那是因為西醫根據過去有些「動物實驗」，或者是「細胞實驗」，看到某些中藥材有活血、補血的作用，例如當歸，實驗上會使得乳癌的細胞有增生情況；因此根據這些研究結果，就直接運用在臨床上，建議乳癌的患者不要服用含有當歸的各種藥膳或是中藥。

　　這樣一個衛教，雖然是有一些根據，但是對中醫師來講，論斷中藥材，實際上並不該是如此的粗糙！

當歸

　　隨著乳癌的型別不同，在西醫的分析治療裡，有的病人可能會使用 Tamoxifen 做藥物治療，有的則是要動手術之外，還需追加化療、放療等等。以手術來講，除了切除腫瘤，可能還會有局部的疤痕疼痛，或是有傷口結疤的刺癢的問題、也有部分病人可能還要面對乳房重建的過程。

　　如果是接受 Tamoxifen 治療的病患，有的會容易覺得疲倦、失眠、沒有胃口等明顯不舒服，致使她們希望求助於中醫，能夠幫忙緩解治療這方面的不舒服。癌症病人身心都有各種的不舒服，中醫師會用辨證論治來收集病人身心所表現出來的症狀跟證候，加以分類後，以「體質」來做基本的診治、調理，及開立處方。

　　在這樣的不同的邏輯裡，西醫對乳癌的診斷，是採用

「分級」論治，是和中醫思考跟診斷模式完全不同的。舉例來說，不少的癌症西醫在診治乳癌病人時，都會特別提醒：「有一些藥建議不要服用，譬如中藥的當歸、以及含有當歸的藥膳……」

中醫在看病的時候，是依照辨證論治去分「證型」，因此當病人在各種的證型裡面，若含有血虛、血不足等體質的話，中醫師開立處方時，就極有可能會開立含有當歸成分的處方。可是當癌症的西醫以此做衛教時，會使得中醫師不知道應該怎麼開立他的處方；因為病人會有疑惑，甚至拿處方來反問中醫師：「中西醫各說各話，當歸，我到底是可以吃？還是不可以吃？」

 是「動物」或「細胞」實驗，而非人體實驗

大家試想想，中醫師在他所開立的處方中，不會只開立單味藥當歸吧？別忘了中藥的一帖藥方，是有「君臣佐使」的搭配，調和藥性的過與不及。

　　相較西醫只看動物實驗或是細胞實驗，便一口咬定：
「當歸對癌細胞有增生的影響。」而做出「不要服用含有
當歸的各種藥膳或是中藥」這樣的一個建議，對中西醫原
本就非常不同的思考邏輯、治療系統，卻煞有其事的依此
推論，可以理解的是，在沒有更多人類使用的科學證據
下，這或許是一個不得已的提醒，但科學最終無非在於追
求真相，這種細胞實驗結果，真的會印證在婦女的乳癌風
險表現上嗎？真理是什麼？

　　我也為了當歸的這個問題，做了一系列相關研究的研
讀，發現過去的細胞或動物實驗裡，當歸被發現並不含有
植物雌激素（phytoestrogen），但卻有一些類雌激素的
作用表現出來，也可能因為如此，拿來做動物實驗時，看
到好像有使得乳癌細胞增生的現象。但是那些都是「動物
實驗」或「細胞實驗」，而非「人體實驗」！

　　再則，如果西醫只看動物實驗或是細胞實驗就信以為
真，那麼千百年來中醫古籍記載，乳癌是氣血不足、是心
血不足，對治的很多方子中都含有當歸來補血的主張，又
是怎麼一回事呢？

　　我以一位臨床醫師、中醫師，在國立陽明大學醫學院擔任研究所層級、專任教職的一個非常重要的任務，就是指導、訓練、帶領一位臨床醫師成爲「醫師科學家」，而像上述這種在中、西醫兩個領域，嚴重衝突的臨床照護觀念及作法，就是最迫切需要做研究來回答的科學命題呀！

　　那該如何做「人」的研究，來證明這樣的科學議題？身爲專門審查人體試驗研究倫理委員的我，很清楚的知道不可能像動物實驗般的設計，安排找一群乳癌婦女，不管她們體質需不需要補血，就邀請他們每天服用一定劑量的當歸，來觀察若干年後看是否有乳癌復發風險？

　　既然這是不符合研究倫理，那麼要如何設計，才能回答這個重要，且中、西醫界及乳癌病患都想知道的答案？我想出來的辦法就是用回溯型的研究設計，鎖定已經確定診斷爲乳癌的一群婦女，回頭去看她們過去十年間服用多少西藥荷爾蒙、當歸、人參、中藥等，再進一步校正她們的年齡、社經地位、慢性疾病等潛在干擾因素後，累積計算服用各種中、西藥的劑量後，來做一系列的研究。

　　第一個研究，就是調查乳癌婦女看中醫的情形，結果發現，乳癌婦女服用當歸或含有當歸中藥方劑的比率還滿

高的，這個與中醫古籍記載的治法的確很契合，看來臺灣中醫師養成的素質還不錯。而開立含有當歸的處方中，則以加味逍遙散為最常被開立的處方，這雖然是一個調查乳癌婦女在何時、為什麼使用什麼中藥的研究，但由於並沒有太多的研究在討論這方面的問題，因此被刊載在國際整合醫學領域中頗重要的科學期刊《Evidence-Based Complementary and Alternative Medicine》上。

加味逍遙散

當歸、白芍、茯苓、炒白朮、柴胡各 3 克；丹皮、山梔子、煨薑、薄荷、炙甘草各 1.5 克。

加味逍遙散是中醫學裡，常開立用在婦女調養身體的處方，也是一個疏肝解鬱的藥方，裡面雖含有當歸的成分，但藥性及劑量並不是像用單味當歸時那麼強或高。在加味逍遙散處方中，當歸含量大概就是整體劑量的九分之一比例，當歸雖有行血、補血、活血的效果，可是在這帖藥中，加味逍遙散裡有丹皮、梔子等清熱瀉火的藥，實際上這樣善用藥材君、臣、佐、使的配伍，才是中藥在處方

上的一個精髓！中醫學並不是用單味的當歸，在治乳癌病人，是有搭配的；重點就在於當歸這補血、活血的藥，加上丹皮、梔子等清熱瀉火的藥，使得這個處方，合適被乳癌的病人使用。

加味逍遙散用於此的特點，在於方中用當歸、白芍補血和營、養血柔肝；柴胡疏肝解鬱；丹皮、梔子清熱涼血；薄荷芳香開竅，有減少心火內動的嚴重程度。過去十年我對加味逍遙散做了一系列的研究顯示：加味逍遙散有調節婦女體內荷爾蒙失衡的作用，且其雖含有一定量的當歸，但完全不影響婦女血中的雌激素濃度。不但對焦慮、煩躁等情緒症狀有很好的緩解作用，而且在另一個研究中發現加味逍遙散明顯改善睡眠的障礙及縮短入睡的時間，大大提升該婦女的睡眠品質。這些研究，分別登在歐洲婦產科《CLIMACTERIC》及整合醫學科學期刊《European Journal of integrative Medicine》上，由前文談到情緒、壓力、失眠等，皆爲發生乳癌的危險因子來看，加味逍遙散的確是合適對治乳癌，或其相關症狀的好藥方。但畢竟不是乳癌病患常見「心腎不交」背景體質的治療方劑，因此我臨床多用加味逍遙散，作爲輔佐清心療法的強化方劑。

Tamoxifen 副作用，會使子宮內膜增生

使用 Tamoxifen 有另外一個副作用，會使子宮內膜增生；而且增生如果持續，實際上會增加子宮內膜癌的發生風險。這已經是全世界都知道的事！這是目前乳癌病人治療時，使用 Tamoxifen 藥的潛在心理壓力，或是另致新病的不確定性因素。

基本上 Tamoxifen 雖然是目前治療乳癌預防復發的最常用藥，可是同時也是一個「致癌藥物」；舊病雖然可減少復發的風險、但另一個新的癌症卻可能於用藥後發生，就是會導致子宮內膜癌，Tamoxifen 真是一個「矛盾」的好藥。

因此常常在使用 Tamoxifen 時，病患都要定期追蹤子宮內膜的厚度；甚至當有異常出血，都會懷疑是不是有子宮內膜增生？或是子宮內膜癌發生的風險？而需進一步去做檢查。

　　為了解決當歸用藥的疑惑，我設計了一個證實中、西醫這各說各有理的臨床問題。我將國內服用 Tamoxifen 的乳癌婦女分成兩組，一組為依照中醫的辨證論治服用中藥的乳癌婦女，吃到當歸相關處方的婦女；另一組為不相信中醫，十年內不曾看過中醫、不曾吃過任何中藥的乳癌婦女。

　　兩組在校正各種潛在變因後發現，依辨證論治服用中藥的乳癌婦女，子宮內膜癌發生風險，比從來不曾接受過中醫藥療法的乳癌婦女，大幅下降！這一個發現說明了中西醫整合，未來是一個更好照顧「ER+ 乳癌」婦女的方向，相信這一篇登在國際整合醫學類科學期刊排行第三《Journal of ETHNOPHARMACOLOGY》的論文，對於徘徊在「到底中藥可不可以同時與抗乳癌西藥一齊服用？」這個問題的西醫師、藥師、病患，提供了一個很清楚的答案：當中藥同時與抗乳癌西藥一齊服用會產生交互作用！但這個交互作用對乳癌婦女是有益的，因為中西藥的交互作用，使得乳癌婦女少了一些發生子宮內膜癌的陰影！

　　在看到這個令人興奮的結果，初步認同中醫藥療法在乳癌這病症上的治療，有其無法取代的價值，也同樣支持

了千年來中醫學所累積對治乳癌的策略及思維，應是一正確、而且可能可以再深入探索其背後隱含機轉的必要性。

只是這樣的實驗並未解決「當歸是否為一合宜於乳癌用藥」的疑惑，我於是依原設計，鎖定當歸再往下深究。在這研究中，我將國內服用 Tamoxifen 的乳癌婦女分成兩組，一組為依照中醫的辨證論治服用當歸或含有當歸方劑的乳癌婦女，另一組仍為十年內不曾看過中醫、不曾吃過任何中藥的乳癌婦女。

結果合併服用當歸及西藥抗癌荷爾蒙 Tamoxifen 的乳癌婦女，比從不吃中藥的乳癌婦女，在使用 Tamoxifen 少於兩年、或服用累積劑量低於 7500 mg 的情形下，大幅下降其子宮內膜癌的發生風險！

這是一個多麼重要的證據與知識啊！

因此從我的這些研究裡，可以看得出：

衛教，不能只用動物實驗來評估

目前治療乳癌的衛教，如果只用動物實驗，來評估單味的當歸，然後放在乳癌細胞上看到有增生，而就推論說病人不可以吃當歸的言論，顯然與我直接用乳癌婦女做研究的結果，完全相左！

以中醫學藥理的用藥，當歸顯然不是只有「單用」；中藥的處方，基本上會針對病人的體質，做藥材藥性的平衡處理，而不是「一味藥在單打獨鬥」。因此中醫師只要診斷是血虛的病人，實際上用藥，就必然會使用到一定比例的當歸。

而且我的研究，也支持千年來中醫師的觀察，認為乳癌屬陰性腫瘤，治療原則應以「補」作論點，而且還可以減少西醫治療時，降低西藥副作用的額外發現。

當西醫錯認、誤解了當歸的用藥，並衛教病人，會限縮了中醫師處方用藥的專業判斷。依我的研究顯示，中醫

師依中醫法則，將當歸運用在乳癌的治療中，明明就是有
利的啊！我必須強調，中醫師在研判病情上所開的藥方，
有補的藥，可是也有瀉的藥，「調和鼎鼐」是中醫學處方
的特色。乳癌並不單純是那麼易治的病，因此在用藥上、
中醫師在處方開立上，會面面俱到的考量。至少我的研究
顯示，國內中醫師在輔助西醫治療乳癌的水準，是平均而
正確的將乳癌婦女身體狀況，調往比較少副作用的方向，
這是無庸置疑的。

　　我們在國內對乳癌病人的照護過程中，的確看到中醫
師處方因加入了適量當歸，反而降低了子宮內膜癌發生的
機率，此乃完全都是以國人的體質做研究，比對兩組病人
吃藥後的結果。既不是動物實驗，也不是單純的細胞研
究。這是中西醫最大的不同，西醫分科太細，人體被切割
得像拼圖，各自成一小片的區塊，而中醫看人體，在看整
個五臟六腑間的變化、探究身、心、靈的內外致病原因。

　　我期望以後國內中醫師們，在乳癌病人照護上更要加
油，應該是由中醫師的專業背景，來衛教不同體質的乳癌
婦女「哪些中藥不可以吃」，而不是由從不曾開立過中藥
處方、不了解中藥君臣佐使搭配的西醫腫瘤醫師，幫中醫

師來做衛教，當然我的研究也凸顯了中西醫整合，對乳癌的治療，是未來必然要走的方向。

中西醫併治，是病人最理想的照護模式

在治療乳癌的治療學上，我會主張：所有被確診是乳癌的病人，尤其在早期，應該依循現在乳癌治療的標準流程來進行。同時加入中醫藥的介入，這會讓西醫的治療，不管是服用 Tamoxifen 或放療、化療等等，都有相輔相成的作用。

打個比喻：社會上有流氓、恐怖份子，就必須用強烈的打擊犯罪手法，才能有效遏止這種到處搞破壞的敗類。西醫在乳癌治療上，擔任的就是這種當機立斷去拘捕、限制，甚至剷除惡人的角色。中醫則比較像在收拾善後的戰場，扶正、調養身心的後勤補給司令部。所以在乳癌的治療裡，西醫處決破壞的敗類是難免的必要之惡；然而剷除之後，中醫再來看怎麼幫病人收拾殘局，把體能補回來。

　　所以我認爲中西醫的併治，會更貼近實際上對乳癌病
患的照護，應該要這麼做，才是對乳癌病患提供最有價值
的診療資訊；因此我會認爲，目前的乳癌療程衛教，應該
還有一些調整的空間。至少，如果病人是由正規的中醫師
來做體質的判斷，開立合適的處方，即便是使用含有當歸
的處方，都對病人有正面的效果存在。

　　我不希望有任何一個癌症的病人，試圖從頭到尾只單
用中醫的方式治療，或是另類療法；因爲到目前爲止，沒
有一個證據顯示這樣做是對的。我的研究成果一再顯示：
面對癌症，經中西醫併治之後，結果都比單獨使用西藥或
中藥療效更好。所以我會希望在這概念下，去做好面對癌
症的療程，至少我們已經看到病人，經過這樣的整合治療
有好的、正向的效果呈現。

荷爾蒙療法的中西醫整合

　　女性乳房的成長、發育以及成熟的整個過程,適時、適量的女性荷爾蒙(estrogen)佔了很重要的成長刺激作用,但當女性荷爾蒙過量補充,或乳房細胞產生突變,以至於對女性荷爾蒙刺激太過敏感時,則反而成為誘發乳癌發生的致癌物。這也是何以世界各國的科學家,陸續發現停經後婦女,補充混合雌激素及黃體素的女性荷爾蒙製劑,來治療更年期症狀群或骨質疏鬆症時,也連帶使乳癌發生風險隨服用的累積劑量、年限,而大增的原因。

　　醫界因為已知悉這些風險,很謹慎的在用藥過程評估此一風險,但始終沒有定論。從我登在國際科學期刊《PLOS ONE》的研究發現,即使如此謹慎的用藥,臺灣停經前婦女及停經後婦女,不但服用混合雌激素及黃體素女性荷爾蒙製劑,顯著上升乳癌發生風險外,連國際上尚

懷疑、但沒有定論的僅含雌激素女性荷爾蒙製劑一樣，隨服用的累積劑量及年限，而顯著上升乳癌發生風險。這是不是意味著臺灣婦女的乳房細胞，對女性荷爾蒙的刺激更敏感？不得而知，但卻一再的印證婦女身體本來就存在著這潛在的致癌物。

　　我在《PLOS ONE》的研究發現，讓我聯想到一個問題，如果服用「混合雌激素及黃體素及含雌激素女性荷爾蒙製劑」的這群潛在高乳癌發生風險的婦女們，若同時服用中藥，會不會有交互作用？如果有交互作用，那麼那交互作用是什麼？有多嚴重？因此，我又設計了一個實驗，首先我將全國曾經因各種因素，而服用雌激素荷爾蒙的婦女視為我的研究母群體，並將其分為兩組：

　　一組為同一天合併服用中藥及荷爾蒙的婦女；另一組則為服用荷爾蒙的婦女，但在十年內不曾看過中醫、不曾吃過任何中藥的婦女。兩組在校正各種潛在變因後發現，同一天合併服用中藥及荷爾蒙的婦女，其乳癌的發生風險，比不曾接受過中醫藥療法、服用同劑量荷爾蒙的婦女，大幅下降！

　　這一個發現，說明了中西醫整合，未來應於一般需服

用荷爾蒙治療的婦科病症開始。中藥的確會與雌激素荷爾蒙有交互作用，而此交互作用，會顯著的降低服用雌激素荷爾蒙後發生乳癌的副作用；相信這一篇登在曾經是國際整合醫學類科學期刊排行第一的《Evidence-Based Complementary and Alternative Medicine》上的論文，對於服用雌激素荷爾蒙，引發乳癌副作用有疑惑的西醫師、藥師及病患，提出了一個更安全的輔助或替代的治療選項。

女性荷爾蒙是一刀雙刃

中醫治病，講究的是維持好的生活型態與及早調整體質，讓女性荷爾蒙這潛在的可能致癌物，不至於成為致癌物，或將身體調理維持在不利於乳癌發展的環境。也因此我僅對少數危急如血崩等的病況，非不得已之下，才開立女性荷爾蒙治療，在大多狀況下，我都採用中醫療法，以減少婦女暴露在額外過量的荷爾蒙中。

乳癌可能與女性荷爾蒙的不斷刺激有關

臺灣乳癌的發生與成長，根據我的研究，約莫有六成的婦女，發生乳癌可能與女性荷爾蒙的不斷刺激有關。乳癌細胞是否受女性荷爾蒙調控，有賴病理切片分析女性荷爾蒙接受器，尤其是雌性素接受器（estrogen receptor，ER）是否有表現來決定。一旦病理切片確認是 ER 陽性時，現代醫學的想法是：在此類的乳癌，若能阻斷女性荷爾蒙的作用，就能有效的抑制乳癌的成長與復發。這是非常合理的推論，於是演化出三個方向的治療對策。

一是減少女性荷爾蒙的分泌量，由於停經前婦女卵巢機能旺盛，與停經後婦女血中雌激素濃度不同的因素來看，此類藥物可再區分爲停經前婦女適用的促性腺成長激素類似物（GnRH agonist），以及停經後婦女適用的芳香環轉化酶抑制劑（Aromatase inhibiter，AI）。二是阻止女性荷爾蒙與 ER 結合的藥，此類藥物最具代表性的就是 Tamoxifen。三則是直接破壞 ER，最新的藥物爲 Fulvestrant。

這些藥物，各有優缺點，若使用於術後的輔助性治

療，則以減少乳癌復發為主要目標，若使用於發生轉移時的緩和性治療，則以減緩乳癌病情惡化為主要目標。這方面包括不同治療年限、不同藥物的合併使用等研究仍持續發表中，世界上的科學家們為了延長乳癌婦女壽命，的確花了很大的努力及精力。

Tamoxifen 問世於 1970 年代早期，已有悠久的臨床使用經驗，而 Tamoxifen，非常多圍繞著抗女性荷爾蒙藥物的方向研究，主要用在乳癌術後的輔助性治療，接續使用於手術、化療與放射治療之後的最主要用藥。作用是與女性荷爾蒙競爭在癌細胞上的接受器，進而阻斷癌細胞成長的訊號。Tamoxifen 的確成功的阻止乳癌細胞繼續接受女性荷爾蒙的支助；但別忘了，乳癌細胞卻僅「暫時」在乳房部位、局部沒發展那麼快罷了，Tamoxifen 的藥效，只阻止了乳癌細胞繼續接受女性荷爾蒙的支助，並沒有消滅掉乳癌細胞。這樣一個特殊點，我主張，是很可以加上中醫療法，來做整合治療。

中醫療法的乳癌對治作戰策略

就是將身體調理好，就是創造一個不利於乳癌發展的身體環境！可視之為「將乳癌細胞限縮」，僅能於乳房局部發展，是一種即便沒立刻殺死癌細胞，也能一如常人的生活十數年，是「以時間換取空間」的作戰策略。

我認為中醫藥可以協助 Tamoxifen 抑制乳癌細胞進一步的發展，果真如此，則中西醫在這一點上，應有不錯可以合併治療的空間。當然在此整合的同時，也必須考量到服用 Tamoxifen 對子宮內膜癌發生的風險。Tamoxifen 在研發過程中雖然也發現有此風險，但科學家評估以 Tamoxifen 對減少乳癌復發的好處而言，在兩害相權取其輕的考量之下，仍推薦 ER 陽性的乳癌婦女，於手術後應服用 Tamoxifen 來治療。如前文所述，我的研究在中西藥整合上陸續有些新發現，用實際人體研究的成果，來支持我提倡的乳癌中西醫整合療法。

綜合我一系列的研究資料顯示：

服用 Tamoxifen 的乳癌婦女，若同時由中醫師依「辨證論治」給予中藥服用，會比僅服用 Tamoxifen、而不用中藥調理的乳癌婦女，顯著的下降子宮內膜癌發生的風險。若再進一步分析，則發現服用 Tamoxifen 的乳癌婦女，若同時服用黃耆、人參、當歸、四物湯等中藥，皆比僅服用 Tamoxifen 而不用中藥調理的乳癌婦女，顯著的下降子宮內膜癌發生的風險。這又再進一步證明了中醫乳癌治療的補法，不但可將乳癌婦女身體調理好，創造一個不利於乳癌發展的身體環境外，還可以降低 Tamoxifen 對子宮產生副作用的影響。

依循 Tamoxifen 表現出症狀的辨證論治

中醫如何依辨證論治，決定給予服用 Tamoxifen 的乳癌婦女中藥處方呢？實際上，除了前述依乳癌婦女體質分析後所定調的補法、清法、疏肝等原則外，中醫師也會將 Tamoxifen 對全身產生作用、所表現出的症狀，視為「藥物引發的短期證型」，納入處方的考量，例如：

● 有些婦女若引發如潮熱、盜汗、疲倦、失眠等自律

神經系統症狀，中醫會開的處方如：清心蓮子飲、導赤散、黃芩黃連阿膠雞子黃湯等清熱養陰的方劑。

- 如果引發情緒暴躁、易怒、睡不安穩、易醒多夢等症狀時，則處方多以加味逍遙散、龍膽瀉肝湯等疏肝解鬱的方劑。

- 若引發月經點滴淋瀝不盡，則處方多以丹皮、紫苑、花生衣等涼血、止血的中藥。

- 陰道萎縮或乾澀感，則處方多以生、熟地、女貞子、旱蓮草、黃柏、阿膠滋陰潤燥等中藥。

這種依循 Tamoxifen 所表現出症狀的辨證論治，是中藥處方上一新的思維，從我研究的結果看來，中醫師應與乳癌的腫瘤醫師一齊密切合作，才是提供乳癌婦女最佳的照護模式。總而言之，包括乳癌在內的惡性腫瘤，中醫醫學認為其背後的基本成因，乃是婦女因為過勞、焦慮、睡眠障礙等諸多原因，而使得身體有「虛」的產生，正如《景岳全書》所載：「積之成，正氣不足，而後邪氣踞之。」《外證醫案匯編》所敘：「正氣虛則成岩」。

現在西醫學認為：腫瘤的形成，確有許多外在的誘發

因素，但與機體免疫功能的正常與否有密切關係。當機體處於免疫監視功能不全，發育缺陷（先天性免疫缺陷），或因其他原因，使免疫功能低下時，惡變細胞便能逃脫免疫監視而恣意生長而成乳癌。

這論述一如早在宋元期間，就有很多醫學家，如李東垣、羅天益等提出「養正積自消」的著名治法，因此使用中藥、針灸、食療、氣功各種療法，都是圍繞著扶正固本的觀念，提高機體免疫功能，調動人體內在的抗癌能力，已成為歷代中醫學流傳下來，中醫療法治癌可行的重要核心方案。當然，在實際的乳癌對治上，除扶正固本的保命原則外，中醫療法對於乳癌局部腫瘤，也沒有忽略，帶入了我前述抗癌中藥的「消法」，以期能先將乳癌鎖在局部乳房內，再用藥慢慢消滅局部失控的乳癌細胞。

即使病了，也要有生活品質

我的研究也好，臨床經驗也好，都看到整合中西醫抗

癌療法的好處：中醫療法可防癌、治癌外，還能增強乳癌
婦女的體質，加強和鞏固手術、放療和化療的效果。

　　對末期乳癌的病人，也多能延緩乳癌惡化的速度、減
輕過程中的諸多不舒服症狀。如此這般的治療，自然就能
延長生命及提升罹患乳癌婦女的生活品質。

第四章

失去自我的放射治療

幽閉症候群和恐慌症

賈愛華

　　結束了伊朗之旅，回來第一件事：做完最後一次的化療。

　　當醫生吩咐：「該開始準備做放射治療。」是在榮總做呢？還是在臺大做呢？與家人商量後，決定就近在榮總的放射治療科進行放療。

　　治療前，醫生告訴我：「經過放療後的乳房，會受到放射線的傷害，照射區域所有的汗腺會因放射線治療而消失，所以胸部會有一個現象，一個乳房熱，一個乳房冷。」

化療使我身體覺得痛苦
但是放療使我心靈上受到嚴重的傷害

　　可是醫師卻沒告訴我，如何解決這「一個乳房熱，一

個乳房冷」的難題？只交代我去放射室，找專業人員製作
放療所需的泡棉模具來當作頭、胸的固定器，並依手術紀
錄在受創的乳房上，用奇異筆畫上經緯線，並貼上標誌，
洗澡的時候務必要小心，不要把畫的線洗掉，為此，我頗
為生氣，居然失去了對乳房的自主權！連洗澡這種小事，
都要被醫事人員所管束。

　　化療教會我，食、衣、住、行，樣樣都得保持踽踽獨
行、安於獨處。但是，當我接受放射治療及化療並行時，
才發現自己有「幽閉症候群」！化療使我身體覺得痛苦，
但是放療使我心靈上受到嚴重的傷害，彷彿被人強暴般。
殊不知，放療必先以泡棉模具來固定患者的頭、胸部外，
並且每次都要在病灶的乳房上，重新用黑色奇異筆在乳房
描畫上失去定位的經緯線，並一再要求患者洗澡時，務必
小心不能再把記號洗掉。

　　其實在化療的歷程中，我越來越失去體力，連洗澡都
覺得累，告訴自己今天只要洗洗腳就好，腳洗好後就覺得
順便腿也洗一洗，最後上身也順便洗一洗，結果頭也順便
洗一洗，就是這樣才能夠說服自己把澡洗完。我每次向學
生嚷嚷：「多希望自己耍賴變成嬰兒，有人幫我洗澡、餵

我飯吃，我已經疲累得什麼也不想自己做了。」我一位剛升為人父的博士班學生對我說：「這有什麼難呢？」他怎知洗澡不讓水噴到乳房，有多難避免嗎？

最鬱卒的事，是每次接受照射時，必須脫掉所有上身的衣物，換上手術衣，進行照射時，必須袒胸露肘，將自己卡在泡棉定固定器裡，面對陌生的技術員，心靈上覺得自己的隱私好像受到嚴重的侵犯，覺得非常、非常的委屈。結果這還不算是最難度過的，為了怕照射定好的位置跑掉，技術員要求我控制呼吸，胸部的起伏不可太大。

當放療室的照射機器啟動時，所有人員都撤離照射室，只留下我一個人，獨自面對那台賊頭賊腦的機器，我居然緊張到沒有辦法控制自己的呼吸頻率，甚至緊張到忘了呼吸，幾乎暈厥在冷冰冰的鐵床上。最後反而使得呼吸的喘息起伏過大，導致放療機器無法準確對準乳房的病灶位置，施以正確治療。有病友告訴我，她的皮膚因放療都燒焦變黑了，而我連起個水泡都沒有。

走在放療區樓上的長廊
突然手腳與舌頭發麻、舉步維艱，也說不出話來

　　我沒想到我有幽閉恐懼症，有一次在準備放療的途中，醫生叫我先去別的單位處理事務，沒想到我的恐慌症發作，走在放療區樓上的長廊，突然手腳與舌頭發麻、舉步維艱，也說不出話來，呆立了約兩小時之久。卡在人群中，看著下班的人潮啟動，人來人往，等到人群因下班而散去，才彷彿回過神來，趕回放療室，結果發現早已人去室空，結果使我缺席了一天的放療。

　　回憶那時候的我，每天都覺得彷彿自己下一刻有恐怖的事情即將要發生，坐在電腦桌前處理公務時，心慌慌彷彿好像一個屁股坐在三個瓦斯桶上，每一個瓦斯桶都好像隨時會被引爆的樣子，我只好去求助賴榮年主任：「怎麼辦？我該怎麼辦？」

　　「不知道妳是否相信，多吃點膽固醇，來幫助妳緩解化療藥物在妳心理與身體的作用，一天多吃幾顆蛋黃都沒關係，希望蛋黃中的膽固醇，可以幫忙緩解類固醇藥物的

副作用。」

　賴榮年主任的解決之道就這麼簡單？

　結果試了之後，居然有效，克服了疑神疑鬼、坐立難安、惶恐驚悸、度日如年的怪現象，又能平安度日了！至今，我仍覺得療程中最苦的事，是放療與化療並行的那些日子，天天跑醫院，又忙又累，所幸，終於熬過去、完成了放療！

賴榮年　看診

中醫的心病心藥醫

　　中醫看病有內外因，內因指的是個人長期情緒起伏的偏頗，影響到主導這種情緒的五臟傷害。

　　以肝臟來說，只要長年累月習慣熬夜的生活、脾氣暴躁、是眾所周知的傷肝。大怒傷肝、憂慮傷肺、多思傷脾，特別是婦女朋友操煩事總沒完沒了，都一定程度比較直接的跟乳房的疾病有關。

一生的必修學分，情緒管理

乳癌的病人，應該是從一開始被診斷出來，就要積極的找信賴的中醫師參與治療，因為中醫藥的治療，實際上並不只是「一種治療」而已；而是一種全人、全面性的關懷，涵蓋了生活的飲食起居、情緒，以及藥物的整合。對病人而言，必須要去開始做一些生活起居與情緒的管理。

戒七情，盡量保持心平氣和

中醫學的健康主張之一：要戒七情！

意思是盡量保持心平氣和的看待人、事、過生活，不要讓波動劇烈的情緒起伏，傷神又傷身。舉個最簡單的例子，有良好的睡眠來修護身體，就已經處理了現代科學發現不利於乳癌恢復的因子了。

或許有讀者朋友會認為：「用西藥的安眠藥、抗焦慮

藥來處理乳癌婦女的相關心理症狀，不是一樣可調治嗎？」現行的乳癌療法中，的確會用安眠藥、抗焦慮藥來改善乳癌婦女的焦慮、失眠、化療後的疲倦、手術後的疼痛，但答案其實是完全出乎大家意料的。

　　以中醫療法，治療刺激乳腺不當分泌，或高泌乳激素症的方法，與調治乳癌婦女體質的方法是一致的、有一貫性的。而西醫療法的抗焦慮藥，卻是會刺激乳腺不當分泌或處在相對提高血中泌乳激素濃度的副作用療法。這真是個兩難的困境，乳癌腫瘤醫師用盡一切手段追殺，不論是切除手術、用放射療法去燒、化學療法去毒……但不受控制的乳腺細胞增生的同時，為了要改善乳癌婦女的焦慮、失眠、化療後的疲倦、手術後的疼痛，而使用了會刺激乳腺細胞活躍、增加分泌產量副作用的療法。權衡於此，就當然可以理解，為什麼臺北醫學大學教授們的研究發現，乳癌婦女使用中醫藥療法調治者，其死亡率有顯著的下降。而我的研究發現：

「中西醫整合療法」下的保護

請再回顧我一系列的研究，便可以發現，臺北醫學大學發現，乳癌婦女使用中醫藥療法調治者，死亡率顯著下降的結果是必然的。

我的研究指出臺灣婦女平日生病時，若常使用中醫藥療法調治身體者，會顯著的下降發生乳癌的風險，如果婦科疾病的問題，一定要使用雌激素西藥荷爾蒙療法時，依目前婦產科醫師及病患，都很謹慎用藥的情形下，仍然無法避免顯著上升發生乳癌的風險；且隨著服用累積劑量的增加，罹患乳癌風險呈線性上升。

我好奇的是，吃中藥調治婦科疾病的婦女，有預防發生乳癌的效果，而如果婦女朋友一定要使用雌激素西藥荷爾蒙療法時，那中藥如果同時使用，是不是也仍有同樣的好處呢？我於是趕快著手下一個研究，由於設計方法很類似，很快的，我的疑惑得到了解答。果然發現同一天服用

中藥及雌激素西藥荷爾蒙療法，仍舊保有保護婦女發生乳癌的風險，原來隨著服用雌激素累積劑量、年限增加的顯著上升而發生乳癌風險的線性上升不見了。意思是說，加服了中藥以後的雌激素西藥荷爾蒙療法，不再是一個發生乳癌的凶手！

這可能意味著，中藥不但單獨使用有減少發生乳癌的作用，而且也可以與雌激素荷爾蒙產生交互作用，來改變它的致乳癌副作用，那這兩者是否是都透過中藥基本的「陰平陽秘」理論來發揮作用的呢？也就是，說中醫藥總是在身體、內分泌、雌激素等各方面，透過每兩至三週的回診一次，用調整處方的方式，去平衡當時身體的各種失衡，因此不論是沒有服用荷爾蒙時的內分泌、雌激素等紊亂失衡，或是服用荷爾蒙時身體內部內分泌、雌激素等過多的失衡等狀況，都能看到在中醫藥使用後，同樣防範乳癌發生的結果。

我的另一個好奇又產生了，如果中醫藥總能在身體、內分泌、雌激素等各方面，透過每兩至三週回診一次調整處方的方式，去平衡了當時的各種內分泌、雌激素的失衡，當婦女得到「ER+乳癌」而需要服用荷爾蒙抗癌療

法時，是否中醫藥也有對病人減少其發生荷爾蒙抗癌療法
副作用的好處呢？於是自然而然挑國內使用最大量的
Tamoxifen 荷爾蒙抗癌療法爲研究主題，結果又再一次支
持我的假說！

回診時的見招拆招

　　我相信，中醫師在乳癌婦女每兩至三週一次的回診，
依其體質變化而做處方調整的醫治，真的就同時平衡了當
時失衡的內分泌或雌激素，所以才能辨證論治的防範上半
身乳癌復發的風險。

　　當調理 Tamoxifen 荷爾蒙抗癌療法的同時，又防範
了在下半身子宮內膜癌發生的風險；這期間的處置，中醫
古籍也罷、中醫師也罷，都沒有刻意為了上半身的乳房或
在下半身的子宮，加上任何中藥，僅依循傳統中醫全人觀
療法的結果，卻發現可以有「拳打南山猛虎」又可以「腳
踢北海蛟龍」的效果；這無疑是中醫藥的特色、也是最不

容易之處。

　　依病理、藥理訓練養成的西醫腫瘤醫師、或藥師，透過這本書應能多理解中醫藥的部分原理，在此我提供了一些可供未來中西藥整合的方向及想像空間，各位讀者或許會想，哇、想不到做科學研究的中醫師腦袋，真還是忙得頗有成就！

　　實際上，當壓力來的時候，就是屬於中醫所謂的「肝經氣鬱」，這會導致乳汁分泌容易發生。乳癌正確的名稱是「乳腺癌」，乳腺並不是乳房的脂肪細胞，也不是乳房的肌肉細胞，基本上是乳房的腺體細胞所異常的增生。因此與乳腺的分泌，乳汁的分泌，是有一定的相關性。

　　從中醫的角度來看，當一個人在情緒壓力大、肝經的氣血循環不好時，容易導致乳房相關的疾病。例如有件讓當事人氣惱之至的事，無法得到抒發，被迫一直鬱悶在心裡面，導致肝經氣鬱，增加了乳房的一些相關的病變。因此，只要是一個發育到有泌乳激素產生的女性，不論她的年齡，都可能會面臨同樣風險。所以不管是已婚、未婚，乳癌發生風險可是沒有年齡大小區分的。

23：00—3：00 的關鍵時刻

從過去的研究中發現，長期從事輪班工作的婦女，有比較高的機率會發生乳癌。因此我們認為有需要針對乳癌的相關危險因素，來做一些個人生活習慣的糾正。雖然病人既有的錯誤習性，容易造成乳癌的發生，若是一旦眞發生乳癌之後，當然要讓乳癌的異常細胞，不要再繼續猖獗的四處擴展或是蔓延。因此，不管是來自生活或是飲食、身邊環境的一些致病因素，中醫在這方面，就有很明確的規範：該怎麼從正常生活作息中來自救！

子丑時辰安睡，以養肝膽

中醫強烈認為肝膽相表裡的這兩條經絡，在子丑這兩個時辰，也就是夜間的 11 點到凌晨的 3 點，如果不好好的臥床睡眠休息，而讓肝膽超負荷工作，不能靜下來休息，不僅是在消耗肝藏血的功能，肝火也會因此受影響而

容易過度旺盛。

因為當人眼睛閉起來在睡覺時,腦下垂體分泌的褪黑激素,會開始在血中濃度上升。有研究顯示,長期褪黑激素該上升時卻上不去,那就會增加乳癌的發生風險!

這也從另一個角度,再次證明了為什麼輪值夜班工作的女性,導致長期睡眠剝奪,是增加乳癌風險的原因之一。

清心、疏肝解鬱與安神

　　乳癌並不單純是身體上的疾病，依中醫全人照護的觀念來看，不是僅用藥便可治癒此病的。要戒七情，遠濃味，解鬱結等，包括情緒、飲食、工作壓力等，都要一併大幅度調整，治療乳癌要視為生活的一部分，尤其在手術前，如何捨棄目前不利的生活習慣、嗜好、減少壓力，強健體魄及提升免疫力，才是贏的上上之策。

中醫的「心」≠西醫所指的「心臟」

　　本書從開始的中醫醫理一路解釋下來，讀者朋友可發現「心」在乳癌的發展及惡化過程中，是具舉足輕重的關鍵角色。

　　然而中醫所謂的「心」，在人體的運作為主血脈、主神志，如果過勞會引起內傷；如果常用腦思考、規劃或擔

憂過度時，則會耗血傷神，漸漸的身體產生出如心悸、健忘、失眠、多夢、心神不寧，甚至神不守舍等症狀時，都是乳癌容易惡化、擴散的重要背景條件。因此如何減少過度用腦傷神的工作量，或抑鬱多愁苦不停擔憂等，都是病人在進入療程開始，不論手術前後或是在放、化療時，非常重要的準備，因為這些都會與治療的策略息息相關、時有調整的。

比如病人抱怨：「睡眠狀態很差、很差。」

中醫師會追問：「是不是怎麼躺都不對？一直翻來覆去，越翻越煩躁？會有口乾舌燥、甚至手掌心或腳掌心發燙嗎？稍有勞累月經就異常出血？平日就很容易有一些白帶？」這樣的病人，即便看西醫婦產科，也好像不太容易斷根。這種情形，代表這位乳癌婦女有心火炎上，不下交於腎水，甚至於延燒灼肺系統，因而產生津液不足、口乾舌燥的病態體質。

黃連阿膠湯

黃連 12 克、阿膠 9 克、黃芩 6 克、白芍 6 克、雞子黃（蛋黃）2 枚。

　　黃連阿膠湯是古籍記載治療睡眠障礙的方劑，主要運用於內熱血虛、心悸、心煩而不能安臥之證。由於乳癌婦女常有心血不足，血虛的本質，這種病態容易化熱而表現出心悸、心煩，要睡覺時卻輾轉不易入眠的症狀。此方中瀉心的黃連為君藥，但由於乳癌本質為虛，所以搭配芍藥、阿膠補血滋陰兼調和血行；二枚雞蛋黃攪拌入湯藥來補腎益心，也是臨床常常運用於對治乳癌各種兼症的方劑。

　　這個方劑很特別之處，就是藥湯煮好後，要喝前先加入均勻攪拌的兩枚蛋黃後再服用。為什麼有如此特殊的服用要求呢？原來蛋黃也是一味中藥，明朝李時珍指出：「雞子黃，氣味俱厚，故能補形，昔人謂其與阿膠同功，正此意也。」可見對雞蛋黃滋補力量的推崇；因此中醫師對於需要養陰、寧心的時候，就可能會處方蛋黃。賈教授放化療後元神大損，而有心悸、心慌、莫名恐懼等症狀一一浮現，我則趕快鼓勵她多吃蛋黃，進而達到安神、寧心的效果，看來小小的一兩枚蛋黃，吃對了時機，也會讓病患驚訝的大感中醫的神奇。

清心蓮子飲

黃芩 20 克、麥門冬 15 克、地骨皮 20 克、車前子 15 克、柴胡 15 克、甘草 5 克、蓮子 15 克、茯苓 15 克、黃耆 50 克、黨參 50 克。

九百多年前宋朝的《太平惠民和劑局方》就設計了名為「清心蓮子飲」的方劑，方中重用黃耆、黨參為君藥，搭配甘草、茯苓，類似四君子湯補氣的結構，其他加上清心養陰的麥門冬、石蓮肉、黃芩、地骨皮等藥。

車前子

組成藥物中的車前子，值得特別一提，車前子是車前草的熟成種子，車前草不論是全草或種子，除了能清泌尿道、呼吸道的濕氣外，還具有清熱解毒的功效。《別錄》中記載：「男子傷中，女子淋瀝，不欲食。養肺強陰益精，令人有子，明目療赤痛。」

因此在療治乳癌婦女時，發現她是身體因代謝較差而累積濕氣的病人，車前子為常用的一味藥。在體質的判斷

上，這類乳癌婦女手臂肌肉鬆散、含水量高，且常有明顯的蝴蝶袖，小便後似乎解不清爽，且有時澀痛，眼睛常容易酸澀、乾痛；一旦感冒常有不容易好的咳嗽，且伴有痰黃、不容易咳出的呼吸道疾病特徵。

車前子內服、車前草外用

我建議有上述體質的乳癌婦女，可每天用一兩車前子煮成茶當水飲用，當乳癌長大發展到局部溫度偏高時，可用新鮮車前全草搗爛外敷，可有消腫止痛的功效，不過一旦皮膚有傷口則禁止使用。

前文提過，思慮過度、杞人憂天會影響健康，及各種生活上或工作上的焦慮、壓力，都是大大提升乳癌惡化及預後不良的因素。但畢竟是人，總有情緒的起起伏伏，修養未到老僧入定或泰山崩於前而面不改色的功力，心火難免過旺。如果體質上已加重到容易動怒、煩躁、白帶更是

呈黃綠色，且有不好的異味及外陰瘙癢，此時代表這位乳
癌婦女心火上炎，已由虛火轉爲實火，治療上則需改採用
「導赤散」。

導赤散

生地黃 18 克、木通 12 克、竹葉 12 克、甘草 6 克。

此方用生地黃及竹葉爲主降心火，但中醫臨床會視病
人個案病情，再酌加薏苡仁、蒼朮、黃柏來清濕熱，加銀
花、連翹、黃連來加強口內容易生瘡及煩躁的體質調理。

心腎不交

心腎不交的中醫病理變化，是乳癌婦女在整個病程中
最核心的變化！傳統心腎不交的治法中，有升水降火、降
火救水、開通心竅、補脾、和胃消導、消痰通降、和肝養
血、溫陽化氣等八種方法。

心腎不交病理變化調得越好，乳癌病程的惡化就越緩
慢，清代名醫薛雪透過調肝以交通心腎，他認爲「火以木
爲體，木以水爲母」，要使心腎相交，就必須先和肝養

血，這與中醫婦科典籍中，著名的《女科》作者傅青主認為：肝乃腎之子，心之母，補肝則肝氣可往來於心腎之間，這樣的概念有異曲同工之妙。從我分析國內中醫師對治乳癌最常使用的方劑「加味逍遙散」來看，可以說明國內中醫師在臨床運用時也常採用同樣的切入觀點。

「養心安神」的方劑

乳癌病人在本質上，是心血不足的體質，但當工作上大量的用腦規劃、或因個人、或親友對自己健康的憂心焦慮，更加重了病人的心血負擔，且同時使心火旺起來，而有心悸、煩躁、失眠等症狀。若這些症狀持續沒有得到改善，持續內耗又傷神，於是心律失常、健忘、心神不寧等所謂的神經衰弱、精神官能症便因此產生。

傷神，所指的「神」，在中醫學有一套清楚的理論，中醫藏象學中，有「心藏神，肺藏魄，肝藏魂，脾藏意，腎藏志」之說。《黃帝內經・素問》中記載：「心者，君主之官也，神明出焉。」明朝名醫家張介賓描述得頗為貼切，他說：「心為一身之君主，稟虛靈而含造化，具一理以應萬機，臟腑百骸，惟所是命，聰明智慧，莫不由之，故曰

神明出焉。」當人用心神太多時，則易受驚嚇、心悸、莫名恐慌、莫名懷疑、不耐煩、莫名的發脾氣、失眠、多夢、健忘等症狀一一發生，就是中醫所謂的「心神不安、魂不守舍」。

中醫將能安定神志，治療神志不安疾患的方劑，稱爲「養心安神」方劑，而最具代表的方劑，莫過於天王補心丹。

天王補心丹

天冬 30 克、人參 15 克、茯苓 15 克、玄參 15 克、丹參 15 克、遠志 15 克、桔梗 15 克、當歸 30 克、五味子 30 克、麥冬 30 克、柏子仁 30 克、酸棗仁 30 克、生地 120 克；煉蜜爲丸。

這方劑的發明，有個玄奇的傳說，《醫方集解》中記載：「天王補心丹，補心。終南宣律師課誦勞心，夢天王授以此方，故名。治思慮過度，心血不足，怔忡健忘，心口多汗，大便或秘或溏，口舌生瘡等證。」因此便以天王爲方劑之名。

　　方中人參、茯苓爲補氣四君子湯的兩味藥，地黃、當歸又是補血四物湯的兩味藥，其中人參合麥冬、五味子，又爲我臨床幾乎每天開的生脈散。此設計爲補肺生脈而養心的想法，因爲心主火，故心系統疾病又常搭配玄參、天冬、麥冬等藥，幫助生地以加強滋陰清熱的協同力量。柏子仁爲側柏的種仁，在《本草綱目》中記載：「養心氣，潤腎燥，安魂定魄，益智寧神。」爲乳癌婦女可常服用的一味藥。

　　安神的方劑，還有「酸棗仁湯」、「甘麥大棗湯」等，實際上，由調治乳癌婦女的補法、疏肝法、安神法，皆是中醫常運用於睡眠障礙的治療方劑。這與現代醫學研究發現：輪班工作者或失眠的婦女，有比較高的乳癌發生風險或較差的預後，真的是不謀而合！

　　古有名言：「治水善澄源，治病必求本。」意思是治病要找到病的根源，探求諸多原因中的「核心環節」來做重點治理才是上策。面對乳癌如此棘手的毛病更該如此彰顯中醫治病的本質及特質。治水要開塞、因勢利導，治乳癌要能斷了它發病有利的條件及根源，才能化被動爲主動，或用補心、或用清心、或用祛鬱、或用安神，等待乳

癌細胞「衰其大牛而已」或「待其衰而攻之」。因此在漫長的調理過程中，中醫會依療程的進步，不斷為乳癌病人身體表現出來的症狀，做量身修正的調養。常會看到中醫師用到這些湯方：

- 黃連阿膠湯：

  依內熱血虛體質開立給合併有心悸、心煩、失眠症狀的病人。

- 梔子豆豉湯：

  合併有胸悶、胃脹不舒服症狀的病人。

- 四逆湯、瓜蔞薤白桂枝湯、桂附八味丸：

  合併有手腳冰冷症狀的乳癌病人。

乳癌病來之時，一如古籍所載：「不痛不癢，人多忽之，最難治療。」不受免疫細胞制約的乳癌細胞，與身體變化，是一個身體內的兩個世界，就好像黑白太極圓圖中，黑太極中的一實心白圓，是「陰」性腫瘤的「陽」旺；乳癌細胞的無限分化、增生、擴散的陽性，會源源不絕的消耗陰的本質。除非病人能落實做到「戒七情，遠濃味，解鬱結」，且以養血氣藥治之的中醫療法介入，否則富含惡勢力的貪婪乳癌細胞，將大舉開疆闢土吞噬，而終將步

入消耗殆盡的死亡。

　　當然，我還是要強調：乳癌病人要有認知，那就是要多接觸大自然、品嘗食物的原味、日出而作、日入而息、對自然界的花草樹木、蟲鳴鳥叫、旭日東昇、清風明月、潮起潮落能欣賞、有所感動；對人世間的名利追求、諸多閒言風語紛擾，一笑置之。這將是一種人生徹頭徹尾的改變，如此一來，或可坦然面對乳癌的「蓋其形似岩穴而最毒也，慎之則可保十中之一二。」

中草藥祕方、偏方，並非中醫師的臨床診斷

　　即便在古代，沒有先進的科學儀器做診斷或治療的情形下，乳癌對中醫而言，也並非是個一定無法治癒的病。中醫除了治本的療法，也針對同存在一個身體裡的乳癌患部，發展出治標的攻擊療法。

　　但任何「傳聞」的中草藥祕方、偏方，並不等於是出自中醫師的臨床診斷所開立出來的處方，病人或其家屬，

千萬不要道聽塗說、以訛傳訛拿自身性命做人體實驗。

中醫在對治乳癌方面，處方常依乳房的紅、腫、硬等條件，選配瓜蔞、蒲公英等中藥，我將其中幾種特別提出作介紹：

王不留行

王不留行，為石竹科一年生或多年生草本植物麥藍菜的成熟種子，中醫藥書《開寶本草》記載：「王不留行能止心煩，袪癰疽，惡瘡，瘻乳。」在《本經逢原》中也談到王不留行專行血分，能通乳利竅，其性走而不守。因為王不留行有善於行血的特性，一如「雖有王命不能留其行」，所以才有「王不留行」這個非常特別的名字。

由於王不留行可以通利乳房血脈，使氣血不會運轉到為乳汁時而停滯於乳房，即便有乳腺細胞分泌旺盛，也可讓乳汁通暢。王不留行又能順利的下行月水，因此可以調理婦女的月經。流行病學的研究顯示，產後乳汁雖然大量分泌，但哺餵母乳的婦女發生乳癌的風險比較低，是同樣的道理。

蒺藜子

《本經》記載蒺藜子：「主惡血，破癥結積聚，喉痹，乳難。」蒺藜子因而適用於肝氣鬱結體質的乳癌婦女，另一種與刺蒺藜用途接近的中藥材爲皂角刺，皂角刺爲豆科植物皂莢的棘刺。李時珍指出皂角刺有活血消腫，排膿通乳的功效。

若以全身體質來開處方，會以加味逍遙散爲主軸，這類體質的婦女常常在排卵後黃體高溫期，以乳閉脹痛爲特徵症狀。中醫認爲氣滯於乳房，使乳房的柔軟度相較於沒有氣滯者硬，西醫的診斷，則是因其乳房的密緻度較高。而研究也顯示，乳房超音波診斷密緻度較高的婦女，有較高的乳癌發生風險。

我也奉勸女性朋友，多配合衛生福利部「三點不漏」的政策，定期做乳房超音波檢查，一旦有乳房密緻度較高的傾向，應及早找中醫師調理，及早疏通乳房的氣、血，而對於體質上有風疹塊、蕁麻疹皮膚易癢或眼睛乾澀、甚或乾眼症的婦女，刺蒺藜就常是一合適的搭配調理藥。

穿心蓮

又稱「一見喜」的穿心蓮，是近百年才被記載在中藥藥書的藥材，在印度、泰國、中國及臺灣，算是大量使用的民間草藥，因此已有非常多的藥用研究，發現對抑制或毒殺乳癌細胞有效的論文發表，因此也已經被研發成熱門的健康食品。

我個人是很推薦在中醫用藥機理下，加上此乳癌局部針對性非常強的中藥的。其他常用抗乳癌的中藥還有夏枯草、瓜蔞、牡蠣、昆布、海藻、乳香、沒藥、丹參、莪朮、鬱金、薑黃、鱉甲、白花蛇舌草、半枝蓮、金銀花、仙鶴草、浙貝母、石上栢、貓爪草、旋覆花、山慈菇、知母、生薏仁、青蒿、絞股藍、露蜂房等，中醫師會隨病人證狀加減於複方中。

且以清代名中醫程鍾齡，積三十年臨床經驗，著成的《醫學心悟》書中，有一段談乳癌的論述，來做這章的結尾：「若乳岩者，初起內結小核如棋子，不赤不痛，積久漸大崩潰，形如熟榴，內潰深洞，血水淋漓，有巉岩之勢，故名曰乳岩。此屬脾肺鬱結，氣血虧損，最為難治。

乳岩初起，若用加味逍遙散，加味歸脾湯，二方間服，亦可內消。及其病勢已成，雖有盧扁亦難爲力，但當確服前方，補養氣血，縱未脫體，亦可延生。若妄用行氣破血之劑，是速其危也。」

接受西醫治療後的體質轉變

　　乳癌的病人接受西醫治療後，會由原來的體質轉變成肝經血熱，為什麼？就以美國 911 恐怖攻擊為例，兩架飛機的燃油加撞擊的能量，致使雙子星大樓烈燄過後，剩下一片廢墟焦土！就好比乳癌，乳房的癌細胞被攻擊後，旁邊一大堆死傷和斷壁殘垣，在這種情況之下，周邊氣血循環的交通也會大亂、也會堵住，所以在這個時候，需要耐著性子悉心重建。

　　當病人受損的體質，處在血熱的情況下，這時候中醫師當務之急，就是要慢慢的把廢棄的垃圾清運掉，該怎麼做？就是要用清涼的食物進來開道。打個比方來說，正常人體內，有足夠的津液和血流量，健康的時候，是有能力去應變外邪入侵隨時做好調節的。可是當體內津液被疾病蒸發，或化放療等，使局部循環及津液變少的時候，就會

變成是血熱的體質。

在血熱的狀況下，病人就更容易會有一些發炎的狀況；簡單說，病人的身體本來就是肝經鬱結，又強加了一些能量進去，便處在能量過多中，尤其是做完化放療後引起的血熱，猶如添柴救火。

埋在焦土中的不定時炸彈

動手術是把局部受癌細胞侵犯的地方拿掉，然後接著做放療，是用能量在局部地方再進行斬草除根性的破壞，可以把它想像成廣島所承受的核彈一樣，丟下之後，影響所及豈只一片焦土？

若不處理，能量一直積蓄在那裡伺機而動，豈不是又成另一枚不定時炸彈？所以要想辦法把這血熱的問題解決掉；一定得用「清熱解毒」的思維，來做後續的處理。

一個做化放療的病人，打入體內的能量增加，但虛弱

的體能，卻無法把這股能量緩衝或釋放掉，因為能量進來了，體內津液不足，沒有辦法去稀釋這些進來的能量，所以能量會蓄積。蓄積多了，能量就會翻滾作亂，變成酸性體質的一種，也是血熱的一種異象，在這種狀況下，除了要去降低內悶的溫度以外，最好的方式，就是再加水去稀釋。但不是指「靠多喝水來增加體內的水分含量」，這補充水的基本概念，指的是「膠質」；因為進入體內的能量，不但是把水分蒸發掉了，膠質也遭受到了損失。

補充水的基本概念，是「膠質」

膠質雖然是我們老化過程裡，必會損失的物質，它也是人體一個很重要「防老化」的機制。我們看一個人老化之後，膠質減少了、皺紋就變多了；膠質減少、身上軟骨就變硬了，然後身高會變矮，實際上身高變矮，人體的硬骨都一樣沒變，只是膠質變少了所導致的；同樣的道理，骨關節間的膠質變少了，老人的行動看起來就卡卡的，沒有青壯年人的俐落。

膠質本來就是在儲水分的

嚴格來說，膠質應該算是人體大環境裡面，一個水分的生態保育緩衝。膠質，可以把它想像成類似濕地或是水庫，當河流灌溉沒有水的時候，好比是水庫的膠質可以支援水出來，可是當水被能量蒸發、水庫的水也乾涸了，連保濕的功能淪陷了，就會造成病人身體整個處在乾旱的情況中。

因此當一位婦女朋友，不管她本來是酸性體質，或是癌症治療之後體質有所改變，尤其是在接受了放療或是化療，很多病人會由原來的體質轉變成為「血熱」的體質，因此都合適用一些富含膠質的食材來做調整與維護。富含膠質的食材包含了：

木耳

木耳算真菌的一種，生存在濕熱的環境中，所以對於

身體濕熱體質的調整，有它的特殊性功效。

黑木耳或白木耳，兩者在《本草》的記載上功效是一樣的，只是因為白木耳顏色比較好看所以被定名為銀耳，而價錢上比較貴，黑木耳的市價就相對比較低廉，實際上我個人認為，用黑木耳就可以了。

黑木耳除了可以涼血、清熱之外，因為富含膠質，可以使得身體的腎陰，有一定程度的回補或是保存。中醫學中人體五臟六腑的「陽」，指的是臟器的能量、「陰」則是指體內的各種津液。當腎陰不足，所呈現出來的證狀如手心、腳心、胸口煩熱，失眠、盜汗、口乾、咽燥、腳跟痛，腰膝痠軟……等等。

零膽固醇是木耳的優勢，它並不會增加我們身體在轉化雌激素或是男性荷爾蒙的過程中，產生中醫所謂的上火現象，且容易有飽足感。木耳比較不是那麼容易消化，也比較偏寒性，所以在讓病人食用上，往往會考慮先把木耳發泡後用果汁機打成泥狀，可以加一點點的薑跟紅棗來緩和寒性。

★病人酌量的吃木耳後，請注意：有沒有拉肚子的情
　況？一般來講木耳有通便的效果，對有些人可能會

變成拉肚子；但對血熱的病人而言，應該在服用這
些膠質的食物後，有輕微的拉肚子是比較有利的，
對代謝會比較好。

禦寒性強的魚類

當藥在治病、調理體質時，食物要怎麼去搭配出更好
的相輔相成效果？就是需要多一點的蛋白質。我會推薦吃
魚來做補充，因為魚類膽固醇比較低且高蛋白，病人需要
攝取的是高蛋白，不需要膽固醇，因為膽固醇會增加血熱
的機會，體內熱能會被增加。

一些比較禦寒性強的魚類，是較合適去調整血熱的體
質，譬如說鰻魚、或是鱸鰻等，這一類魚也都富含膠質，
且膽固醇是很少的、營養成分也高。一般來講，深海魚生
長在更寒冷的環境底下，理論上對於涼補身體的效果是比
較好的，不過因為環境汙染的關係，淡水魚相對的少點汙
染，尤其是人為養殖的。坊間認為野生的魚，食補力道會
比較強，但大環境的汙染，卻是防不勝防的一個疑慮。

我認為養殖的魚，會比較安全，環境的汙染我們沒辦
法控制，海魚到處泅泳，很難掌控牠吃了哪些東西，這也

是深海魚類會被食品安全專家提出質疑的原因之一，想想有多少垃圾被倒棄在汪洋大海，深海魚偏多是食物鏈的末端，有無數小魚被吃進去了，要不然深海魚理論上會比河魚、養殖魚要來得更合適食補用。

鱸魚

是比較屬於能夠禦寒、生活在比較低水溫的魚類。民間手術過後的病人，都知道煮碗鱸魚湯來補一補。當然這也需要看體質，因為在料理的過程，如果——

- 是血熱成分高的病人，酒的部分就要少加一點。
- 比較偏陽虛體質或是氣弱體質的病人，添加酒的比例可以多一點。

至於補氣的藥如人參、黃耆，能使在手術後或是做放化療後，病人感覺到比較氣虛、呼吸會短促困難，或是胸悶的這些症狀，可以得到一定的緩解。病人會問我：「鱸魚湯裡有酒又有人參之類的中藥，手術後要過幾天才可以開始吃？」其實手術後排氣就可以吃了。

如果是乳癌手術後的病人，不管是傷口的癒合或是蛋白質的補充，鱸魚煮湯不上火，而且還富含一定程度的膠

質，這是有一定程度的食補效果存在。

鱸鰻

雞古稱天鳳，鱸鰻則稱爲土龍。雞的補性，畢竟仍偏熱性，對於酸性體質、燥熱型體質的婦女，就需要有不一樣的食療來補強，這一類體質的乳癌婦女適合水象的食材，如鱸鰻來調理。

諸多水象食材中，我個人認爲鱸鰻（鰻鱺亞目鰻鱺科）爲首選，臺灣比我年長的老一輩對鱸鰻並不陌生，由於臺灣曾一度將鱸鰻列爲保育類魚類，而在食療市場上銷聲匿跡，直到 2009 年後，才將鱸鰻從保育類物種中除名。記得小時候，鱸鰻就是生活上很重要的補品之一，最常食用的時機，就是替家中青春期小孩的發育轉骨，或產後奶水不足的產婦催奶，或老人家大病或開刀後體力虛弱的調養。

《本草綱目》記載：鰻魚甘平，有滋補、補虛損的功能。《隨息居飲食譜》是清代名老中醫王士雄晚年的一部營養學專著，書中記載鰻鱺爲「甘溫，補虛損，殺勞蟲，療歷瘍瘻瘡，祛風濕。……蒸食頗益人，亦可和麵。苗亦

甚美，名曰鰻線。」《日華子本草》中則記載鰻鱺能「治勞，補不足，殺蟲毒惡瘡，暖腰膝，起陽，療婦人產戶瘡蟲癢。」

可見老一輩認知到鱸鰻對於補虛羸，祛風濕痹痛，虛勞骨蒸，瘡瘍的功效，因而廣為流傳。老一輩的人也常用鱸鰻治夏天疲倦不已、胃口不好的情形，其實那也就是中暑的現象，或是酸性體質、燥熱體質常有的症狀。

天鳳搭土龍

我常推薦乳癌婦女，對術後傷口的恢復，化療後胃口不好，噁心、嘔吐、倦怠，放療後的傷口恢復等等不舒服症狀時，先不論鱸鰻富含多種營養成分，重點在於它的低膽固醇，富含膠質的涼補特性，是搭配雞偏熱補的一項重要中醫乳癌的食療品項。

鱸鰻在溪流、深潭中棲息，每隻鱸鰻均有一定的地域

範圍，性情兇猛，攝食多種小型動物，可分泌大量的黏液以保持身體濕滑。有時會上岸攀爬至附近掠食，當成長性成熟時洄游至海中產卵，成鰻產卵後死亡，最後鰻苗又洄游溪流成長。

由於目前對於成鰻如何受精產卵及長成鰻線，仍不十分清楚，也沒有人工養殖成功的先例，因此所有鰻苗只能靠漁民捕撈後，從鰻線開始養到成鰻。由於鱸鰻喜歡在乾淨水域中生活，在市面上的食用魚種類中，算是很乾淨的食用魚，因此養殖的門檻較高，相對的價錢也高，但若是與燕窩、冬蟲夏草等的補養力道相比，我臨床經驗觀察，鱸鰻絕對是首選的食療食材。

自古以來，鰻魚一直被視爲滋補強身的聖品；而現代營養學也證實了鰻魚的高營養價值：含有豐富的蛋白質、鈣質、不飽和脂肪酸、維生素 A、維生素 E、EPA 和 DHA 等營養素，也正因爲這些豐富的營養價值，使鰻魚的食療功效自古即受到重視。

鱸鰻適合涼補的體質病人

　　鱸鰻的特點，除了沒有膽固醇、且有高營養成分外，還有豐富的膠質，又生長在比較低水溫的環境，因此對於血熱病人身體有滋補的作用，不會上火。

- 鱸鰻所補充的膠質，跟木耳的植物的膠質不一樣，因為鱸鰻是屬動物性的膠質，更容易被人體吸收以及運用。
- 鱸鰻膠質又跟雞爪或是東坡肉的豬皮的膠質也不太一樣，因為東坡肉的豬皮或是雞爪，膽固醇相對比較高，適合比較溫補體質的病人。

　　所以不同的食材屬性，可就不同體質來搭配調理，不管是對病人手術或是放化療後的一些併發症改善，皆相當有益。鱸鰻並不便宜，一整條買回來，分段食用，我會告訴病人，每次燉煮時，大概用魚身長度一寸左右就可以，不要太大塊，實際上這樣一塊的鱸鰻力量是很足夠的，如

果說是自己在家煮，就把鱸鰻當魚湯煮就好了，加薑絲清燉、用一點點鹽提味。如果是體質需要的話，要添加哪些藥材，就是由醫生來決定囉！

鱸鰻料理

煮食鱸鰻可以麻油或苦茶油煎出香氣，加薑、蔥絲、酒，或辣椒、鹽、酒、醬油蒸煮，或用芡實粉、山藥乾煨，或人參鬚、枸杞、黃耆與水果醋煮湯，一般我多會參酌加入適合乳癌婦女不同體質的藥材，以達到最好的效果。

一何首烏、骨碎補、燉鱸鰻一

有潤腸通便，活血續傷，補腎強骨作用，對常腰痠痛、便秘、容易水腫、氣虛或虛冷型病人適用。

材料：

何首烏 30g、骨碎補 30g、杜仲 30g、鱸鰻 50g、胡蘿蔔、洋蔥、蔥花、鹽、黑醋、蠔油適量。

作法：

- 將鱸鰻洗淨整理過後，將蠔油平抹魚身上。
- 滴入適量黑醋，將蔥花、胡蘿蔔、洋蔥鋪上。
- 放入盤中，置於鍋中清蒸至熟。

─鰻魚湯─

材料：

鰻魚一段、米酒、水、黨參或西洋參 3g、黃耆 3g、枸杞 3-6g。

作法：

- 鰻魚洗淨切段對剖、藥材洗淨後，將所有材料放入電鍋的內鍋中，倒入米酒，蓋過藥材和鰻魚即可，外鍋放水 1 杯半。
- 不敢喝酒的人，可採用酒水各半，或者酒三分之一、水三分之二的比例。
- 按下開關，電源跳起後再燜一小時，即可食用。

海參

是活在海邊到八千米的深海中的軟體生物，以海底藻類和浮游生物為食；不僅是珍貴的食品，也是名貴的藥材。《本草綱目拾遺》中記載：「海參，味甘鹹，補腎、益精髓、攝小便、壯陽療痿，其性溫補，足敵人參，故名海參。」

除了是美食之外，對虛勞羸弱，氣血不足，營養不良的病人來說，滋補作用很好；由於零膽固醇，是不少高血壓、動脈硬化病人的喜愛。對癌症病人的術後及放療時的調養，海參蛋白質含量比瘦豬肉、瘦牛肉還高，並含有如鈣、磷、鐵、碘等礦物質，包括對膠質的補充，效果極佳。

海參雖富含膠原蛋白，但因生長於大海中，性不免偏陰寒，若不問體質狀況，只單純把海參當補充膠原蛋白的一大來源，大量與過度食用，長時間下來，反會形成中醫所謂的「痰飲」、「痰核」。因此拿海參做菜一定要用熱性的食材去搭配，比方大家熟悉的蔥燒海參、有蔥有薑，還加了酒一起烹調。

水生植物

指的是能夠長期在水中，或水分飽和的土壤中正常生長的植物，水生植物基本上都偏寒，在料理的時候都需要加薑去中和它的寒性，實際上也因為它寒的特性，所以才有涼補、有去血熱的效果。

如果說是病人正在進行放化療時，水生植物所含的膠質，可能會比動物或魚類來得較理想。動物或魚類的膠質因為都較寒，加上多少難免會有點膽固醇，熱象會稍微多一點，所以我會建議，先考慮用水生植物。

蓮藕

生長於池塘中的蓮藕，性寒、生食有生津解渴、清熱涼血的作用；熟食則可補益脾胃，益血生肌。

李時珍在《本草綱目》中記載：「夫藕生於卑汙，而潔白自若生於嫩而發為莖、葉、花、實，又復生芽，以續生生之脈。四時可食，令人心歡，可謂靈根矣。」因此又把藕稱為靈根。對中醫來說，一整支的蓮藕，從藕節、荷葉、蓮子心到蓮蓬都可入菜和入藥。

荸薺

堪稱「一物三吃」，既可當蔬菜、水果，還可入藥；中醫認爲荸薺對涼血解毒、清熱生津，有很好的作用。對於肚子餓卻依然沒食慾、或是應該口渴了，卻不想喝水的病人，若勉強要她吃喝點東西，又會覺得飽脹難過，荸薺在消食除脹方面效果也不錯。

荸薺自古以來，在大陸的北方人，稱荸薺是「南方的人參」。研究指出荸薺的磷含量相當高，但新鮮的荸薺寒涼，一般多用於解酒後的乾渴或上火導致的咽喉腫。若用於滋養胃的黏膜，一定要蒸或煮熟透了再食用。

蒲公英

對於乳房良性的乳腺炎、瘡癤癒腫等病況，蒲公英除了針對乳房熱毒的消腫散結有功效外，現代細胞的研究也顯示：蒲公英萃取液顯著的抑制乳房上皮細胞的活躍、分泌及發炎反應，也一定程度證實古代中醫師的臨床觀察。

蒲公英是菊科多年生草本植物，在《唐本草》書中記載：「蒲公英，葉似苦苣，花黃，斷有白汁，人皆啖之。」

《本草綱目》記載：「蒲公英主治婦人乳癰腫，水煮汁飲及封之立消。解食毒，散滯氣，清熱毒，化食毒，消惡腫、結核、疔腫。」對於乳房良性的乳腺炎、瘡癤療腫等病況，蒲公英自有它的作用。

蒲公英是全草入藥，煎汁口服常與野菊花、紫花地丁、金銀花、連翹等合用，或是搗泥、熬膏外敷。我個人認為是一個非常好的乳癌輔助療法，蒲公英同時也是種很好的野生蔬菜，食用方法很多，葉片可生食、醃漬或涼拌，也可與米煮食或油炒食用，乳癌婦女不妨種種有機的蒲公英並常做成料理食用。

－蒲公英當歸燉烏骨雞－

對氣鬱肝逆化熱體質很好，搭配蒲公英，是一合適乳癌婦女的通用食療。

材料：

蒲公英 9g、當歸 9g、烏骨雞腿 1 隻、鹽 2 小匙、米酒少許。

作法：

- 用米酒泡當歸，悶在袋子裡3-5分鐘，讓當歸入味。
- 稍微清洗蒲公英後，將蒲公英泡在洗菜籃裡1-2分鐘。
- 蒲公英用6碗水熬汁，以大火煮開後，再轉小火煮5分鐘，去渣留汁。熬煮湯汁的過程中，可試蒲公英汁的味道是否太苦，可備熱水稀釋。
- 雞腿剁塊，汆燙後撈起連同當歸一起，加入蒲公英汁中，再以大火煮開後，轉為小火將雞肉燉至熟爛，最後再加鹽調味和米酒調味即可。
- 將剛剛汆燙過的雞肉和當歸，一起加入新熬煮的湯汁，滾後轉為小火，再依個人口味將適量的蒲公英汁加入剛剛新煮的湯汁裡。

烹煮時的小撇步

- 不喜歡酒味的可以在蒲公英水煮開的時候，就加酒進去。
- 喜歡較重酒味的，可以在最後調味時再依個人口味

加酒即可。

● 當歸不要一開始就跟雞腿塊一起煮，這樣會使當歸失去原來的味道，應該要等大火煮開轉小火之後，再將當歸放入。

● 如果想要湯頭的口感更好，可以在最後調味時依個人口味放入適量的薄荷。

第五章

健康的恆定點會在哪裡

很多事不是非妳不可

賈愛華

　　做完了放療，終於心情放鬆下來，準備應付剩下的標靶治療。

　　因為我參加了人體試驗，所面臨的並不是對照組，而是實驗組，雖然有免費藥物 herceptin 的注射，但是也配合注射了 avastin，探討 avastin 是否對乳癌患者有療效。實驗進行到第十一、十二次的時候，醫生告訴我：「別的研究團隊已發現 avastin 對乳癌沒有療效，但對其他癌症是有療效的。」

　　而我因為注射 avastin 的關係，必須得維持好心情，因為 avastin 會阻擋血管新生，因此醫生告誡我：「血壓不可以太高！」

　　「如果太高會怎樣？」我好奇又擔心。

　　「妳會像台中胡市長的夫人一樣，萬一有傷口，會血

流不止。」

原來是這樣，我只好乖乖聽勸告，每隔一段時間就去做一次心臟超音波，確定心臟沒有因為使用 avastin 而發生問題。但是 avastin 可能會影響腎臟的微血管功能，歷經 14 次的標靶治療後，我的白血球數目越來越少，腎功能下降，尿中也出現蛋白質。

「妳的化療必須暫停。」醫生告訴我：「因為會擔心妳再持續化療下去，可能需要終生洗腎。」洗腎，這麻煩大了！因此他將我的檢查結果報告電傳給美國的研究中心，一天後美方就回覆，醫師轉告訴我：「美方研究中心決定先讓妳休息三周後，再決定要不要再繼續治療。」

我還記得，準備去臺大化療的前一兩天，因為突來的這個變故，覺得極度的恐慌不安、徹夜未眠，身心都疲憊的我，說實話，我真的承受不了一次又一次的化療，我需要休息，我深知自己快要崩潰了、再也撐不下去了！

所以當醫生宣布暫停療程並放三周的化療假，我高興地馬上搭計程車回家，居然能躺在床上放心的呼呼大睡，而且還整整的睡掉了周休的一天半。體力補充好了，才到學校準備上課與出考題。我覺得自己雖然真的很慘，但是

居然不是最慘的！因為隔幾天後，日本發生了9.0的世紀大地震與海嘯，上萬的人口剎那間失去寶貴的生命，我彷彿聽到地球在喊痛哭泣，地表上裂開了一百五十二公里的裂痕，地表上親愛的居民和它同時被毀滅，地球的恆定點在哪裡？那麼我健康的恆定點又會在哪裡呢？

　　我知道，不是所有的乳癌鬥士都像我一樣能僥倖存活，當接到同事病妻的訃聞時，實在沒有勇氣出席。她的癌細胞上，沒有任何目前已知的蛋白表現，是屬於三陰性「HER–ER–PR–」，到目前為止，沒有任何藥物可以辨認和成功地找到三陰性的癌細胞，並殺死它。所以當她癌症再復發時，正巧我也出入在放療室中，有數面之緣，由她每年寄給親戚朋友年終報平安的信中提到：「得了癌症後，勸大家不要像我一樣，處處小心求完美，很多事不是非妳不可！今天若事情還沒有理出個結果，也沒有什麼大不了的！」這是她在信中寫的「覺悟」，讓人覺得代價貴得嚇人，人的精力是有限的，人需要休息，何苦把自己綳得那麼緊？希望大家能從她的生命經驗中學得教訓。

教評會的鴻門宴
能屈能伸，才能為自己與別人常留餘地

　　我終於在化療期間收到學校人事室的密函，輪到我教評不及格未過，因缺乏國科會計畫挹注，研究評分 500 分滿分我就被扣掉 200 分，上課的時數太少，加上上課時因個人健康因素，不敢親近學生怕被感染，當然他們對我的評鑑也差，這時的我真是屋漏偏逢連夜雨，除了全力面對病痛外，必須卯足體力為自己爭取博得幸福，親自準時出席教評會這場大陣仗。

　　我只能告訴自己：少管外務，研究需更專心，按部就班，小心一步一步往前邁進，並準備如何於一個月後出席教評會的鴻門宴。

　　那時候的我，真是天天為自己忿忿不平，自怨自艾，我為這個學校努力效勞了三十多年，居然要在這樣的身心狀況下，接受難堪的教評！我花了好幾天的心血日夜盤算如何以精美的投影片，訴說自己的偉大功勞，並暗喻嘲諷學校對我的不義。等全部都準備妥當，決定先在與我交好的同事面前試講，並詢問他的寶貴意見，以便隨時修改內

容、準備積極作戰。

　　沒想到他居然安慰和敷衍我兩句：「其實妳研究做得不錯，是這個國家社會委屈了妳。」

　　當時我聽了暗自很開心：「難得有人如此嘉獎我！」與他閒話了一下家常後，就歡歡喜喜回辦公室，這時我才回過神：「哎呀，對啊，他都沒有給我半點有料的建議，這到底是怎麼一回事啊？我得打電話去問問看。」

　　原來他當時不敢明講正確回答我，是怕我一時失控跟他絕交，使他失去一位好友！因爲依照我的表現，後果只有「大事不妙」四個大字。我接著追問：「爲什麼？」他忍不住勸我：「妳是學校教評登記有案的人，居然有罪的人，還用這麼高的姿態去激怒評審委員，妳不想吃這碗飯了吧？」他的一番話有如醍醐灌頂，所以花了數星期準備的東西，都是情緒垃圾的發洩，一點用處都沒有。

　　我是一個理智不服輸的人，如何表演具智慧的低姿態呢？我只好放棄了所有的投影片，記得我當年的論文指導教授曾告訴我：「如果要講十分鐘的話，只需準備一張 A4 的紙，將其寫滿即可。」我只好乖乖的，一再修改 A4 紙上的字句，一改再改，一唸再唸，去蕪存菁到字字珠璣、

句句斟酌，絕對不可能會激怒到任何一位台上在座的評審委員；我只期望自己放低姿態，以祈求能夠在學術殿堂中委曲求全。

教評會當天，輪到我進去訴說時，為了防止自己一時激動，造成擦槍走火誤事，我嚴格規定自己只能照本宣科，將 A4 紙上的字逐字緩緩唸出，沒想到委員們只問了一個極溫柔的問題：「賈老師，妳需要學校什麼樣的幫忙嗎？」在當下的錯愕中，仍緊緊抓住這個天外飛來的好機會：「可不可以、可不可以支持我一些研究經費？讓我熱愛中的研究工作因獲得奧援，而能有所表現？」

如今、事後回想起來，記得先父曾經教導我，國文中有幾篇非常重要的文章，必須牢記於心、還要能夠背誦如流，好比諸葛亮的〈出師表〉、李密的〈陳情表〉、袁枚的〈祭妹文〉、韓愈的〈祭十二郎文〉、歸有光的〈項脊軒志〉及〈先妣事略〉……我非常感謝有父親的教誨，也很感謝同事的勸誡，讓我有機會效法古代先賢的智慧來度過事業困境。奉勸大家，真的要「識時務者為俊傑」，能屈能伸，才能為自己與別人常留餘地。

這次的有驚無險，讓我學會「專注今天，無我執地度

過眼前遭遇的關關考驗」；慶幸自己，能如風浪裡行舟般的度過顛沛的化療、與事業困窘的考驗。

乳癌與我，談笑無還期
人生，我要充實的過到最後一分鐘

終於化療完畢了，只要服從醫師的叮嚀，按時服藥按時回診，開始不必常常往醫院跑了。

我將放下對乳癌的懸掛，但不是忽視它、而是將它視為每日工作生活的一部分，終於我有時間把落後的工作快點趕完，尤其我非常愧對研究生，因他們的父母辛辛苦苦的賺錢來支援他們求學，不可以因我的病痛而使研究生們一再延遲畢業。

那時候的我，消化系統還是不太好，常常早上醒來嘴邊和枕頭上都沾有很惡臭的口水，吃東西很容易引起拉肚子，胃酸逆流衝到鼻腔，感到眼睛疼痛，開始趕工後發現無法持續，馬上就發現自己江郎才盡了。混亂不安的心思，讓我無法專心順利的一氣呵成，把學生的論文看完並記下來，記憶力很差、很差，像在夢遊般，完全無法啟動邏輯思考。

　　一年多化療的日子，彷彿活在似有似無的夢境中，記不住時日與事情！常常答應的事又忘了，以看電視為例，也從沒完整看完一部影片過，因不耐煩廣告太多而暫時換台，結果一下就忘了剛才在看什麼？與學生討論問題時常需學生提醒我：「現在討論的議題是什麼？」

　　我只好又去請教賴主任：「我像電視的廣告中裝了電池打鼓的兔子，居然常斷電，沒法持續打鼓，這可不是換顆電池就能解決的。」我坦白求救：「學生論文看了一兩個小時後，就無法進行下去，覺得頭昏腦脹，無法如願地幫助學生完成論文寫作。」

　　賴主任笑著安慰：「哎呀，妳的氣太不足了，放心，我開些人參雞湯給妳喝。記得一包可以早晚對開水，分兩次服用，妳就試試看吧。」原來陽明醫院的中醫部有依古代經典自製的雞湯，就可以簡單方便的補充元氣。

　　真的好奇妙，我既偷懶又想取巧地，一大早就把一天份的人參雞湯一口氣喝掉，然後到辦公室繼續趕工。發現頭昏停擺的現象不見了，可以由下午繼續工作到晚上，也不覺得疲憊。在師生共同的努力下，學生陸陸續續的以高分完成學業。

　　我非常感謝健保賦予我的重大傷病卡，雖然已經依靠它完成乳癌的療程，畢竟乳癌是個重大的疾病，身體經過這麼一番大折騰，也不是說馬上就可以恢復到沒生病前的狀態。還是需要依靠這張重大傷病卡，持續往後的療程。

　　記得宋代詞人李清照的〈聲聲慢〉，提到寡居的時日，最難熬的是「乍暖還寒時候，最難將息。三杯兩盞淡酒，怎敵他，晚來風急。」當我遭逢到不論是乍暖還寒時候，或是乍寒還暖時候，發現身體不適時，就乖乖去找賴主任報到，請求幫忙。有時主任給扎了針，就將我最難將息的疼痛之氣解決掉，因此我固定星期六上午去看賴主任門診，中午去大葉高島屋或附近的自助餐吃飯，這樣也持續了一段時間。

　　我的孩子在不知不覺中長大了，最小的兒子，也從臺科大畢業。畢竟學問是濟世之本，孩子們都有自己的想法，要繼續深造，我發現這場病，連累了家庭與事業的成長外，似乎自己追趕不上瞬息萬變時代的腳步。擔心家人與學生未來將如何發展，人生的盲點實在太多，我不能讓他們陷入愛的桎梏，因而常追不上時代脈動，故而我時時督促自己，不要陷入頹廢情緒中，影響團隊士氣。

　　我深知，以自己眼下的這般光景，要精確地達成生活目標，真的實在很不容易，當然更不可因被疾病打敗而對理想七折八扣，一定要狠下心來，咬緊目標絕不放鬆，就算犧牲生命，也要維持一定的自我要求水平。所以當學生要求我延遲他的碩士畢業考試，我絕不答應，因為人生不是「無限歡樂吧」，而是有限的節約，才能夠達到既定的目標。

　　學生中有位黃同學，知道我得乳癌後，像家人一般的照顧我，那些日子，他常夜晚默默的陪著我工作，卻又裝著什麼都沒事的樣子，其實他善良的心，早已洞穿我心底的無助與哀愁，我又怎捨得他為了我的乳癌而耽誤前程？我是又老、又病的教授，怎能奢侈地接受他如天使般無條件的善良照顧？現在的黃同學，在他的人生路上果然擁有一片天，沒出息的我，每次想到他曾對一位病中的老師，如母親般的照顧，還都會有感地掉眼淚，現在能做到這樣「尊師」的學生，屈指可數啊，我常默默的祝福他健康平安順遂。

　　我也很感謝將退休的何教授，將計畫的餘款挹注了十萬塊讓我有經費做研究，並貼心的指導：「人不可太拚，

有時候要適可而止，因為計畫永遠趕不上時代的變化，做到心安即可！」

我是這麼有幸地常常接受他人的細心照顧，因此我要為我所愛之人而活，讓我的實驗室在世界有一席之地。當我從婉瓊姐的口中得知：「李卓皓博士，在臨終的前一週，仍去實驗室工作。」我能充分理解，因為工作使人不知老之將至、死之將至，真是一種幸福之至。

人生充實的過到最後一分鐘，合乎至聖先師孔子所言：「朝聞道，夕死矣。」我的人生經乳癌打擊後，最糟的事情都見過了，真是江南江北走一回，覺得沒有什麼特別可讓人哀傷的事了。奉勸癌友們，如果只一味的自怨自艾、停不下來的累積心中哀傷垃圾，不但是浪費時間、耗損體能，也會陷自己於水深火熱中。

在人生競爭的舞台上，很容易身不由己受到環境的算計，結果因不小心得罪人，而受傷敗陣下來，浪費掉了許多寶貴的體力與心思。但是，如果從競爭隊伍中退出，則可省去生命中無謂的浪費，結果反而可能有機會得到脫穎而出，追求真善美。將省出的體力，去結交賢能的朋友，我不是說求賢能的朋友，來幫忙化解心中的垃圾，而是能

指點我，如何在有限制的條件下，完成理想。

讓乳癌成為「歷史名詞」
而非「不定時炸彈」

　　記得小時候，父親曾教誨：「你們每個小朋友都是位小菩薩，因為心裡面都住了一位智、仁、勇的觀自在菩薩。」等長大以後，注意力大部分都放在外界，忘了內心的觀自在菩薩，一直是默默地維持我們日常寧靜生活的力量。

　　等到生病時，我累到只能將剩下的體力勉強去應對醫療、工作和生活中，已允諾、不能推卻之事。病中失去尊嚴、規矩，生活中再自然、簡單不過的行為能力，更無暇也無力自我反省，失去了與內心智、仁、勇觀自在菩薩的連結。若我果真能做到放下「癌症」兩個字時，那麼就可成功地揮別乳癌這艘武力爆發性十足的「航空母艦」，讓它永不再續航，讓「癌症」成為「歷史名詞」而非是顆「不定時炸彈」。我必須推己及人，做個好的榜樣給病友、家人和學生看，讓大家相信生命中的奇蹟，祈求上天賜給我們力量，勇於改變自己，進而嘗試改變周遭、國家，與世

界。

　　在歷史上，有成千上萬人死亡的流行性疾病，都是靠了人類的善念與努力，將其化爲烏有的歷史名詞，例如天花、瘧疾、鼠疫、霍亂、傷寒等；醫學的發達，因而延長了人類的壽命，使得老化現象、慢性疾病、癌症，成爲現代人最流行的疾病。當壽命延長時，體內的正常細胞經長時間的分裂，偶爾會有擦槍走火、發生失常的狀況，那又何足爲奇呢？

　　什麼因子會使體內的正常細胞分裂時擦槍走火？當然是科學的文明與進步！不斷的產業革命，人被迫在環境中需要不時的求變求進步，一旦落後就會失去競爭力而被淘汰出局。像現在的手機一樣，由 BB call 到大哥大、到傳統手機，再進步到智慧型手機，一變再變的競爭，才能在捉對廝殺的紅海翻騰中求生存。

　　適應環境的變化，將是現在教育中最重要的一環。孔子說「吾不試，故藝」，我常告訴學生們，趁著年輕力壯，要多給自己嘗試各類工作的機會，虛心的多向長輩請教、多讀書、擷取古人生活經驗與智慧，應付與適應環境的變遷。有人談「事業與工作」定義上的差別在哪裡？事業是

今天做了，你明天「還想做」；而職業是今天做了，明天
「還得做」。所以試問，讀者朋友是以做事業？還是在上班
的方式在看待工作？任何一家企業，會因大環境的適者生
存法則論輸贏，如果你是在「夕陽產業」下工作，整天惶
恐不安，擔心下個月被淘汰的是自己，那你的智慧選擇是
什麼？幫著老闆把事業反敗為勝，還是準備總有一天得上
街頭抗爭？

　　這瞬息萬變時代的人，每天有每天該面臨的抉擇，上
天常常開玩笑，不經意地隨手對大家丟戰帖，如何輕鬆應
戰？各憑本事！本事不好的人，很容易在物質生活上失去
恆定性，失去了日常生活節奏和營養的補充，甚至健康，
有的導致心理上失了平衡，甚至犧牲生命。

　　即便是成年人，一樣有經不起、也承受不了各種突襲
的考驗，因此我們需要家人、朋友、大家彼此的呵護，幸
福與疾病也只是一線之隔而已。幸不幸福，取決於自己的
選擇與認知。為了不讓心靈受到來自工作、感情、疾病的
創傷綁架，要學會立刻放下負面的情緒，揮別傷痛，快樂
向前行。我們得向小時候的自己學習，如學習走路的經驗
般，從爬行、到跌跌撞撞中學站立起來、穩穩的一步步邁

出去。那個時候的我們，不解人事、不愛面子，跌倒了自己爬起來，再繼續學步，到最後快樂輕鬆地學會跳、會跑，追求自己的夢想。

如今我們面臨的社會，像春秋戰國時代一樣，百家爭鳴，要學習孔子「吾不試，故藝」的精神，在變動中求生存；同時快樂的欣賞與學習新技能的機會，以適應經濟環境的變遷。所以癌友們，一起共勉，放下對「癌」的恐懼執著，快樂地搭上時代列車，寧可「朝聞道夕死可矣」，而不要「抑鬱抱癌以終」，辜負了人生的良辰美景，別忘了就算近黃昏，也有夕陽無限好，彩霞滿天！

退休時間到了，何必妄自菲薄
且讓身和心，得到完全的自由

人總是會老，就算沒有病，也會遇到年齡到了，必須放下熱衷的工作而退休，老與退休，像間接的另類挫敗，不管你年輕時如何的不可一世，當社會認為你是「廉頗老矣，尚能飯否」時就需讓位！

人生本來就是上台靠機會，下台靠智慧，完全由人不由己，不同的人生階段，應有不同的取捨。退休的時間到

了，失去與挫敗自是唾面自乾，何必認為是自身不好而妄自菲薄呢？萬一執意停滯一成不變，就可能錯過最後的青春列車，失去坐看雲起時，欣賞萬物與自在順應享受無事一身輕的快樂，而成了忙碌趕搭時代列車的追車族有什麼好玩呢？病前的我，一心一意費盡能量力求揚名立萬，兼善天下，改變世界！病後的我認識自己，謙虛修正錯誤的執著，改變自己，配合社會與環境，我必須先改變自己才能改變家人、學生，以至社會國家。

不要對老這件事哀聲嘆氣，陳立夫老先生曾說：「要有老健、老伴、老友、老本，才能夠活得好，活到老。」奉勸乳癌姐妹們，請必須完全放下乳癌二字的束縛，然後使身和心得到完全的自由，才能有老健使自己活得好，活得健康，活得老。若要活得好，需要珍惜老伴和老友，聚會時才可享受在歡樂氣氛中，連飲食都多幾分好食慾，老友、老伴間的互動，也可算是銀髮歲月的一大樂事呀！

我的公公自從婆婆死後，鮮少再談及她，她的離去彷彿輕輕地為他關上了「情」字一扇門；喪偶的他孤獨地活在寂寞不滿中，兒子們雖然都孝順，但不了解他對另一半深刻的愛，照顧起來也非常難為。

老父親不滿意兒孫表現，責難時用字精簡卻字字見骨傷人，我不敢想像公公是活得多痛苦，也不能貼切的將心比心。病後恍然大悟，原來「老之境地」與「乳癌歷程」無分軒輊，近九十歲的老人家，重聽、看電視用望遠鏡、假日由孩子陪同到山上踏青是唯一的興趣。但失去老伴，一切豬羊變色，無法安住於當下，吃不好、睡不好、體力每況愈下，這怎是一個「愁」字了得？

記得年輕不懂事時，好心天真地安慰新喪寡居的初中導師：「老師，我知道失去親人是很痛苦的，因為我前一陣子才失去父親。」老師只是幽幽的回答我說：「喪偶和喪父是不能比擬的！」老伴對每個人都是非常重要的，因為沒有任何一種寵物，可以和你共處幾十年的寒暑，了解你至深，能知道並分享你過往的喜怒哀樂。有人喜歡寵物，但是有哪種寵物可以陪人說說笑笑、吵吵鬧鬧幾十年？使漫漫人生充滿熱鬧，精彩到老，共譜白髮吟的瑰麗樂章。

在學校這麼多年，由年輕到得乳癌為止，一直是擔任醫學生的導師；年輕時寒暑假都可陪著學生上山下海到鄉間服務，隨著年紀增長，逐漸的，我發現失去上山下海的

奔波體力，只能在營區乾瞪眼，提心吊膽地等候他們回營；營火晚會時，學生可以熱舞長達三四個小時都不顯疲憊，而我被拉下場熱鬧個 15 分鐘就受不了，得藉機脫逃當觀眾了。

　　當時我悟到「老」可能就是這麼一回事，一天的體力與身心可能有幾小時、幾分鐘或瞬間，是處於 18 歲、25 歲、35 歲、45 歲、55 歲……至於當下年齡的我，可是只有老伴和老友可以抓住瞬間變化的我，輕易讀出我眼波泛出似曾相識的眼神，是青春熱戀的狂野？中年的穩重？還是老來的疑心、沮喪、困頓與愚癡。

　　失去老伴和老友，於我，等於失去了生命中的太空船，無法自在來去的穿梭時空隧道中。如果一天我有 15 分鐘可以扮演 18 歲的話，我就用那 15 分鐘享受我 18 歲時的少女情懷。如果有 20 分鐘扮演中年的我，我可以自在開嗓的嘮嘮叨叨老伴半天，要求他補償當年辛苦卻沒得到的關愛眼神。當老友打電話來時，讚美我們是神仙伴侶時，我忍不住驚呼：「是真的嗎？」應該是真的吧？只要我一有些微表情的變化，老伴就心知肚明我在唱哪齣戲，這種心有靈犀的見招拆招，可算是回味無窮的甜蜜，比起

年輕人的乾柴烈火，更勝一籌。

　　終也心領神會，高齡失去老伴，由不知心又沒趣的他人來侍候，即便是親生兒女，怎能陪得有如老伴的知己知彼呢？況且要懂老年人的心理，是一件非常不容易的事，因爲你不是他，沒經歷過他類似的時代與經驗。回首婚姻一路走來，感恩我的另一半，婚後得到他全心全意的呵護，使我人生完整自在與幸福。

　　人生有如月亮的圓缺，盛衰各有時，如今的我，珍惜所有的缺與圓及各個面向，人由空而生有，又邁向凋亡與虛空，何不坦然面對未來？如果用坦然的心，來面對臺灣社會，就發現兩黨之間長年累月只會利用扒糞、似是而非矇混、製造八卦來打擊對手，用這種不正當的鷸蚌相爭，有如武則天的兒子李賢所寫的〈摘瓜歌〉：「種瓜黃台下，瓜熟子離離，一摘使瓜好，再摘使瓜稀，三摘猶自可，摘絕抱蔓歸。」

　　臺灣社會因兩黨惡性競爭，彼此爭相順藤摘瓜，使得臺灣社會未發揮實力，人才就先消磨殆盡，變成民生凋敝的弱國，不僅無賢材佐國，連找個像樣、受人尊敬的耆老出來發言也找不出人來，整個社會失去省思與受教成長機

會，只好任由財團貪婪的欺凌百姓，上下交征利，使百姓成爲一株株無法開花結果、不孕的老枯蔓藤，只能任人宰割，這樣的社會比我得癌症還不健康，我們還有多少老本經此灼傷，眞令人心疼啊！

路有頭，情能收
要用生命奇蹟，以慰疼我如至寶的父親

我父親的老家，在河北省井陘縣，父親一生努力追求理想，沒料到隨著國民政府流亡到臺灣，有生之年引頸翹望，卻再無返鄉之期。

在偶然的機緣下，我由學長的好友，河北醫科大學張翼教授安排協助下，回到父親井陘的老家看看；原來我是來自秦皇古驛道旁的耕讀世家。驛道經國際教科文組織的鑑定，至少有三千五百年以上的歷史，目前列爲七星級未開放的世界級景觀，可以與古羅馬驛道媲美。

歷史上有紀錄大大小小的戰爭超過兩百多場，地勢非常險惡，只容許一匹馬，一輛車，一個人側身而過，是在太行山山脈變質岩地形上，切割出來的一條深如水井般的道路；兩側都是高聳的岩壁，歷史課本上稱這條古道爲

「八省通衢」。

　　楚漢相爭時，韓信在此用兵兩萬，打敗趙軍陳餘的二十多萬的軍隊，是有名的「背水一戰」戰場；三國的諸葛亮也曾經此井陘古道去攻打曹操；唐代的平陽公主曾在此附近駐守邊關，「娘子關」亦離此不遠，這裡的地勢真是險峻，乃「一女當關，萬夫莫敵」。而近代文職守將也曾在井陘作戰過，擊潰「八國聯軍」八千餘名法國聯軍的追兵，慈禧太后經此驛道得以平安地逃至承德的避暑山莊。

　　原來父親當年18歲離開家鄉，響應「十萬青年十萬軍」投筆從戎，是經此「秦皇古驛道」下山，赴北京唸書，是當年縣中僅有的兩個大學生之一，縣長非常珍惜他們兩位井陘才子，每逢年節都會雇軟轎差人去學校迎接他們回家過年節。難怪父親在世時，好多有趣的歷史故事，都可以輕易地從他口中娓娓道來，講訴環繞家鄉古道歷歷在目的歷史、文化與英雄故事和鄉野傳奇。

　　因為不善理財，父親深受經濟束縛，導致晚年一直都很不如意，除了生養我們外，感嘆一生沒做出什麼大事業。國民黨流亡至臺灣時，攜帶不到一千五百位大學生來建設臺灣，而父親卻在這偉大的建設中缺席了。記得民國

78 年，我從美國紐約愛因斯坦醫學研究中心取得博士學位返臺時，父親期望我能盡快把產後的虛弱身體養好，陪他回大陸；當時他只撂下一句話：「回家的路很難走，全是石子路。」沒想到，35 天後父親抑鬱而終，留下我們全不知回家的路在哪。

父親身故 24 年後，在學長輾轉幫忙下，找到了回家的路；才親眼目睹到，原來故鄉整座山是一塊大石頭，一路蜿蜒的岩石路，沒有很小型的登山車，很難回到位於河岸邊的老家門口。老家門前的正太鐵路（就是現在的石太鐵路，石家莊到太原的鐵路）跨河面轟隆轟隆的掠過，聽說井陘曾盛產煤、經這條鐵路輸送到外地去，目前煤也已開採得差不多了，井陘縣的家人多務農或到附近陶瓷廠上班，家中沒有幾位大學生，怪不得兩岸剛相通時，父親看著我們痛哭：「賈家的人才，通通在臺灣。」

父親萬萬沒想到，這條古道是一條沒有盡頭的人生路，戰亂逼使天倫夢斷、流落海角不能再回頭。祖母因思念父親過度而病亡，父親在世時常感嘆落淚從未返家侍奉長輩，而唯一送給老家祖母的禮物，還是請人輾轉請託夾帶的一小包茶葉。

　　當年懷著滿腔熱血、遠大抱負經這條古道路下山的父親，一心一意為苦難的中國奉獻一己之力，尋找一個能讓天下太平的康莊大道，卻沒想到這是一條不歸路，讓他耿耿於懷抱憾終身。而他一輩子對兒女、對學生唸最多的兩句話是：「父母在，不遠遊，遊必有方；要孝順父母，千萬別樹欲靜而風不止，子欲養而親不待。」

　　我的人生，因父親的期許而不容墮落，無形中，也鞭策我必須打起精神，勇敢揮別乳癌這半路殺出來的惡賊，完成「路有頭，情能收」的生命奇蹟，以慰疼我如至寶的父親！

賴榮年 看診

療程告一段落的中醫調養

　　我會希望，乳癌病人在生病之後，就必須覺醒，要過另外一種生活，包括飲食起居、生活習慣的調整……

　　我會認為，病人或家屬，不要把乳癌當作是一個病，因為這個病不是那麼輕易的被解決，所以病人要改變生活態度，並不需要為了這個病去做什麼事情，而是要乳癌婦女「應該要回歸到什麼樣的健康生活」？

從生活作息中來自救

　　280 年前的中醫學，已很清楚的描述乳癌病的變化及中醫治療的預後，難治是肯定的，但也指出中醫療法即便沒立刻治癒乳癌，與乳癌共處相安無事的生活著，是一個可以做得到的結果。

　　中醫講究全人的治療，與西醫針對局部乳癌的治療一樣重要，這也就是我提倡「必須將乳癌療法融入生活中去做長期抗戰」的道理，幾百年前的中醫們，就已發現唯有如此，才是乳癌最適宜的治療大原則。因此，中醫在療程告一段落後的調養，有很明確的規範：該怎麼從「正常生活作息中」來自救！

　　手術絕對是一個嚴重傷害氣血的療法，因此如果手術前沒有做好中醫針對體質調整的準備工作，那麼手術無疑是一個無止盡災難的開始。試想，如果一個國家沒有足夠

健全而好的財務體質，怎禁得起一次全球性風暴的金融海嘯？身體也一樣，乳癌已是氣血不足的病症，氣血完全沒有透過減少壓力、過勞、增加規律運動、中醫療法等來調補，便一直逕行接受強力耗損氣血的乳癌手術與後續激烈的化放療，當然讓全身狀況、局部傷口重建等工作，處於非常的劣勢，且影響往後長期的生活品質。

從過去十年，臺灣罹患乳癌婦女們平均存活壽命的資料顯示，隨著乳癌西醫治療研究的發展、治療技術的改良，雖多增加了平均五年的壽命，但我認為中醫療法不可以缺席！我多年的臨床經驗看到，一位位如賈教授般的乳癌病患，接受中醫調治後的改變；個人主張，乳癌婦女一定要調理好身體狀態，才是長期抗戰最好的治療策略，才能累積足夠的本錢來應對乳癌，取得長期的勝利。臺北醫學大學提出這一個令人振奮的研究，也指出國內應積極從中西醫整合療法，來對治乳癌的方向。

臺北醫學大學的乳癌研究

2014 年，臺北醫學大學的乳癌研究顯示，在校正了各種可能的影響因素後，中醫療法的介入，顯著的下降乳癌死亡率；證實了我多年的主張，並不僅只是對中醫支持的「一廂情願」或將中醫奉為「一種信仰」的鄉愿！

而在同一研究中也發現，接受中西醫兩種療法的乳癌婦女，有顯著較長的平均存活壽命。而使用超過 180 天中醫整合療法的病人，又比使用較短期中西醫併治的乳癌婦女，有顯著較長的平均存活壽命。

中醫學自古便認為：天地是個大宇宙，人身是個小宇宙，天人是相通的，天地的所有變化都會影響到人體的健康。乳癌病人的調理，一定也要掌握這個基本的原理，順勢而為。我常以太陽的日出日落為例，告訴病人這其中就寓含了養生的「日出而作、日落而息」觀念。中醫養生很注重身、心、靈的協調，不但注意有形身體的鍛鍊保養，

更注意心靈的修練調適，身體會影響心跟靈，心跟靈也會
影響身體，彼此是一體的牽連互動，無法分別切割、各自
表述。

動，則得救

個人曾接觸國內氣功門派的昊元仙宗，宗師紫衣人在
協助多位末期乳癌婦女的過程中，的確可以感受到對乳癌
婦女無法解釋的幫助。這種會觸動身、心、靈的帶領，是
藥療、食療以外，感官無法立刻感受、卻可以大大推廣的
乳癌病人自救功課之一，氣功的學習與勤練。

養生的氣功，都有一個特色，那就是與呼吸的搭配，
這與現代醫學的有氧運動有些類似，不過養生的氣功如八
段錦、太極拳等，動作一般偏緩和，富含更深層的意義。
這些搭配練呼吸吐納、觸動心靈的功法，有病人形容：
「那種發自心靈的舒暢、喜悅，可以大幅緩解乳癌各種療
法的不適，甚至於感受到人生不同的生命價值。」

運動生理學理論的證實

　　微血管是體內交換營養及代謝廢料的主要場所，以上班族為例，平常大約只用到20%上下的微血管循環，便能維持日常功能所需。

　　意思是說，如果一個星期不運動，則一個星期營養進入及代謝廢料的輸出，僅用到各個組織、器官五分之一的運輸功能，其他五分之四是處在不開放、不運作或休息中的狀態。

　　試想，一位乳癌病人，如果一星期體內的廢料排出效率這麼差，而不運動時間是三個月或長達半年呢？那她整個身體，不就如同都是泡在垃圾的酸性血中嗎？乳癌細胞的分化，當然快速擴散到全身，不是很合理嗎？沒有適度運動造成的殺傷力，受害的是肺部的微血管，不能有效率的將新鮮氧氣輸送到全身，包括乳房，局部的二氧化碳及代謝廢料，趁勢坐大，加重了酸化組織的問題。

　　中醫所謂的「氣」，一部分包含血中帶氧量的概念，血液中、器官、組織的帶氧量若不足，也意味著氣不足，或氣虛的表現。於是所產生的氣虛體質、痰濕體質或酸化體質。若婦女朋友不改善這些不利健康的行為，則將削弱中醫療法的調理效果。

　　若乳癌病人願與中醫師落實合作，她體質的確會因中醫介入改善強化，但要達到治癒乳癌這個病，恐怕還是沒那麼容易。但醫師與病人之間誠心合作，總能尋求出一個比較好的生活模式，讓療程日子不那麼辛苦煎熬。在乳癌病人還沒有找到好的八段錦、太極拳等氣功老師前，至少要做我交代的以下功課：

快走或慢跑

　　養成每天快走或慢跑的習慣，每次運動後，心跳需達到每分鐘 120-130 下，並且持續約 20-30 分鐘。如此一來，全身充滿帶氧血，代謝廢料能快速排出，最重要的是微血管幾乎 100% 打開來輸送及運作，這是會打通全身血脈的。我相信努力執行這項功課，能讓病人自己的免疫力補強、循環順暢，對長期的預後，是有很大程度的加分作

用。

漱「玉津天水」

玉津就是口水，在中醫學又稱天一水，是治療腎水不足很好的療法，對陰虛血熱、酸性體質的乳癌婦女，也是能增加代謝、清虛熱的簡易方法。

操作方法

- 全程嘴巴都是合著的。
- 首先將舌頭伸出牙齒外，由上面開始，由左向右，慢慢撫擦牙齒、牙齦，一共轉 12 圈，再由右向左轉動 12 圈，將口水含在口中。
- 舌頭接著在口腔裡，圍繞上下顎轉動。左轉 12 圈後，再右轉 12 圈。
- 此時已有大量口水在口腔內，每次僅小心的吞一小口，好像極珍貴的津液，然後感覺這一小口口水，沿食道慢慢滲入胃中，而整個胃因而暖和起來，好像冬天，寒風中喝一口薑湯，全身都熱起來般舒暢，待舒暢感慢慢退去，再吞下一口口水。

李密庵的〈半半歌〉

　　人生事，常有人揮霍過度、走向極端，清代的名仕李
密庵，他寫下了〈半半歌〉，兩個「半」的疊字，是奉勸
世人，凡事還是不偏不倚的好，我個人很喜歡，藉此與讀
者朋友分享：

　　看破浮生過半，半之受用無邊，

　　半中歲月盡幽閒，半裏乾坤寬展。

　　半郭半鄉村舍，半山半水田園，

　　半耕半讀半經塵，半士半姻民眷。

　　半雅半粗器具，半華半實庭軒，

　　衾裳半素半輕鮮，餚饌半豐半儉。

　　童僕半能半拙，妻兒半樸半賢，

　　心情半佛半神仙，姓字半藏半顯。

　　一半還之天地，讓將一半人間，

　　半思後代與滄田，半想閻羅怎見？

　　飲酒半酣正好，花開半時偏妍，

　　帆張半扇免翻顛，馬放半韁隱便。

　　半少卻饒滋味，半多反厭糾纏，

百年苦樂半相參，會佔便宜只半。

〈半半歌〉的白話意思，大致上是這樣的：當人生走過大半，凡留下痕跡的經驗，多半發人省思；過生活應保有一半的時光，在天地間自在悠閒。學習、工作、與人相處，不要有階級睥睨之心；穿衣吃飯、心情調適、何必刻意追名求利。凡事留餘地，好比花開過盛，餘時自然不多；船帆張滿迎風，就顛簸難免。凡事適可而止，太過反而厭煩甩不掉；人生原就苦樂參半，再怎麼算計也難全拿全得，那又何必自苦，老盯著不屬於自己的東西，煩惱傷神呢？

氣功可以治乳癌嗎

　　中醫的診斷學，除了曾提到的八綱辨證外（陰、陽、表、裡、寒、熱、虛、實），還有「氣血辨證」。氣，依不同的功能、特性，再細分為元氣、宗氣、衛氣等。我們的肝、心、脾、肺、腎五臟各有臟氣，並將其病變區分為氣虛、氣滯、氣陷等，可見中醫是很講究氣的變化。

　　了解並補強氣的活絡與循環、減少消耗、進而鍛鍊身體維繫生理機能的氣，就自然而然的成為中醫預防醫學的一個重要觀念，這就是氣功！基本上，氣功是防病、強身的落實，但如果氣鍛鍊到可以用意念收、放自如時，有人便將這種功法推廣到治病、丹道、宗教等其他用途上。我個人對這方面涉獵還是太少，僅就自己理解的中醫範圍，來談談氣功運用於乳癌治療的想法。

　　《黃帝內經》是現存最早的中醫學理論古籍，成書於

距今約兩千五百年前的戰國時期，是每位中醫師一生必反覆熟讀的經典，這對後世中醫學理論的奠定，有深遠的影響。在書中的〈上古天眞論篇〉中記載著：「上古有眞人者，提挈天地，把握陰陽，呼吸精氣，獨立守神，肌肉若一，故能壽敝天地，無有終時，此其道生。」我認爲這就是頂級的呼吸功法。

我們一般人呼吸的是氧氣，但「眞人」，指非常懂得養生之道並貼切去執行的人，呼吸到的是「精氣」！比如我們一般人洗臉用的是洗面乳或肥皂，不過「眞人」用的是經過萃煉、珍貴的活性分子濃縮精華液，不但清潔還保濕、還 Q 彈兼抗衰老。也就是說，他們修練出一種「很有效率的呼吸法」，來調心、調息、調身，因此才可以與天地同壽。我們姑且不論「眞人」的神通，不過氣功功力高強的呼吸法，已經成爲他們稀鬆平常、日常生活的一部分，所以他們能遠離疾病、得享高齡。

《神農本草經》、《黃帝內經》、《難經》、《傷寒論》並稱爲中醫學的四大經典。《傷寒論》是距今約一千九百多年前東漢張仲景所著，爲第一部理、法、方、藥皆備的中醫臨床著作，是每一位中醫師必熟讀到能順手拈來的內科

經典，張仲景也因此被稱之爲「醫聖」。書中用藥簡單精鍊，是個性較急的我超喜歡的一部書，因爲用對了方，治病療效速度之快，不僅病患會爲數年舊疾或急重病霍然而癒感到神奇，有時也出乎開藥醫師的預期，我還因爲深研《傷寒論》這些方劑的心得，獲邀到大陸、馬來西亞連續三年參加「國際經方研討會」的演講。

在《金匱玉函要略》一書中指出：「若人能養愼，不令邪風干忤經絡；適中經絡，未流傳臟腑，即醫治之，四肢才覺重滯，即導引吐納、針灸膏摩，勿令九竅閉塞。」意思是說，病在初期或輕症時，即需治療的重要性，文中所述的「導引吐納、以通利九竅」，便是教導中醫師要運用動（導引）、靜（吐納）的氣功功法，來協助預防與治療疾病的論述。

人體的「動態電網」，即中醫學所謂的「氣」

自古以來，歷代中醫典籍記載利用氣功治病的療效及功法多到不勝枚舉，可見氣功是中醫師治病眾多方法中，藉導引與呼吸吐納，只要病人肯持之以恆的練習、就鍛鍊體魄、恢復健康看來，是很有用的。到底具體的氣及氣

功，是如何運作的呢？回答這個大部分人的疑惑前，我們
先再來檢視人體：

2013 年的《生物領域科學期刊》發表一篇論文指出：
估計人體共有多少各式各樣的細胞組成？答案是 37 兆個
細胞組成人體。過去的資料有 60 兆個，也有 100 兆個細
胞不等，不過那些有著超過 200 種以上不同形式、大小、
功能的細胞是數不清、超出想像多得多。細胞（cell）一
詞，來源於拉丁語 cella，意思是「狹窄的房間」，這個狹
窄的房間由 59% 的氫（H）、24% 的氧（O）、11% 的碳
（C）、4% 的氮（N）、2% 的其他元素如磷（P）、硫（S）
等二十多種元素組成。

人體細胞中，約有 80％是由氫氧組成的水，水在體
溫下會發生自偶電離（指液態的極性共價分子化合物，電
負性強的部分，與電負性弱的部分，相互作用），另外，
即使很少量的其他物質在水中，也會使水導電，因為溶於
水中的鹽，會電離為自由離子。因此，水是優良的溶劑，
並參與細胞內代謝的各種化學反應。

身體還有由其他胺基酸、單醣、脂質、核苷酸等帶有
正或負電荷的小分子組成，有多種非共價作用力存在帶電

的特性，決定了分子構造與功能。因此可知細胞是藉由親水性、疏水性，及其他的引力所維繫；一直是在「動態」張力下平衡的，而且細胞並非一個處於靜態的生命單位，數以千計的化學反應不斷地在細胞內進行，以維持生命的運作；而這些反應統稱為「新陳代謝」。

這些進行中的代謝反應，使得細胞內各種帶電的電位不斷的變化、電磁波亦隨時不同，並形成小小的能量場；可見我們的身體，是由 37 兆 -100 兆個以不同形式、張力強度的「動態電網」，複雜而微妙的交織出來的高科技產品。這種看不見、摸不到，卻進行身體各種不同形式的生理機能，就是中醫學所謂的「氣」。因為機制非常複雜的氣，中醫學依生理、病理、病徵，定義出各種不同名稱的氣，如營氣、衛氣、臟氣等等。

科學界在乳癌這個疾病發生的過程中，雖然研究了身體「動態電網」的乳房局部組織，及全身的系統，產生了哪些複雜變化？包括電流量、大小不同細胞內分子構造，與功能的改變等等仍未明瞭前，我認為中醫學對氣的觀察，在乳癌疾病的診斷、預防、治療以及預後，都應是一個有效率、而暫時無法用科學來取代的優勢疾病分類。

氣功，高效能的身體修補與鍛鍊

當我們了解「氣」有部分是由 37 兆 -100 兆個以不同形式、張力強度、帶電引力所形成的「電磁網」，並依不同的生理機能及功能，而發出不同時間、不同目標，在各個器官、甚至於每個細胞產生不同的電磁波，形成不斷變化的電磁場，來進行人體的新陳代謝，健康維持。

中醫學便善用或動或靜的肢體柔和動作，與呼吸吐納導引，來提升在相同電力運作下新陳代謝的效率，降低生命的耗氧率、以精簡的電力，來維持相同生命活動效能的運作、來修補、鍛鍊、延緩身體細胞與器官的老化。

這是我所理解《黃帝內經》中所說的「真人」呼吸精氣，預防疾病與延年的基本原理。這些透過訓練以達到或接近呼吸精氣的功法，比如眾所周知的靜坐、太極拳、八段錦等自古流傳的氣功，為什麼能歷久不衰的被奉為鍛鍊與修補身體健康法門的原因了。

　　請不要誤解，氣功就僅能做做調節呼吸的練習而已，依據大陸氣功研究所對氣功所下的定義爲：「運用姿勢的調整來調身、調呼吸；運行內氣鍛鍊來調息、集中運用意念來調心。」然而這三者結合的自我身心鍛鍊功法，是需要有老師指導訓練的，在這方面我沒有太多運用氣功的治療經驗，不敢置喙，僅提出依中、西醫的醫理來推論，使用氣功治乳癌可能的機轉。

從「氣病」到「血病」的乳癌

　　中醫學的「病因學說」，簡單的將疾病分爲：氣病、血病。宋朝的楊士瀛對氣血的生理、病理均有較詳細的論述，精闢地提出：「氣血失調，會形成多種病症。」《直指方‧血榮氣衛論》中說：「人之一身，所以得全其性命者，氣與血也。蓋氣取諸陽，血取諸陰，人生之初，具此陰陽，則亦具此血氣。血氣者，其人身之根本乎！血何以爲榮？榮行脈中，滋榮之義也。氣何以爲衛？衛行脈外，護衛之意也。……夫惟血榮氣衛，常相流通，則於人何病之有？一窒礙焉，百病由此而生矣！故人身諸病，多生於鬱。」

　　到了明朝，張景岳在《景岳全書・諸氣・論調氣》裡
強調各種疾病，歸根到底，是由於氣機不調所致。張景岳
認為：「夫百病皆生於氣，正以氣之為用，無所不至，一
有不調，則無所不病。故其在外則有六氣之侵，在內則有
九氣之亂，而凡病之為虛為實，為熱為寒，至其變態，莫
可名狀，欲求其本，則止一氣足以盡之。蓋氣有不調之
處，即病本所在之處也。」因此中醫主張，所有的大、小、
急、重症，任何病開始皆起因於看不見、或西醫檢驗不出
有異常的疲倦、噁心、食慾欠佳、頭暈、心煩氣躁、筋骨
痠痛、嗜睡等「氣病」。

氣病若被拖延，後果豈止嚴重

　　以乳癌來說，「氣病」階段，可能只有某些乳腺細胞
受刺激及局部組織起變化，當這些少數失控的乳癌細胞持
續分裂，並對鄰近正常細胞及組織，產生了不同的電磁
波，造成了有異變、不正常的電磁場。

當病態持續不糾正，效應將在局部迅速擴大，並且影響人身上的整體電磁網，往往到臨床診斷出一定大小乳癌時，也就是清代李用粹在《證治匯補‧氣症章》中所言：「氣之為病，生痰動火，升降無窮，燔灼中外，稽留血液，為積為聚，為腫為毒，為瘡為瘍……」到這時期，乳癌已進入了「血病」，而且是嚴重的腫、毒血病了。

我相信，在乳癌的非常早期、到尚不能用目前西醫的精密檢驗確診前，好好練習氣功，應該有可能停止那些少數失控的乳癌細胞，發展成血病的乳癌。雖然這只是一個假設，但從中醫的角度而言，如果讓體質不要處在「陽證、裡證、熱證、實證」的乳癌有利環境，這個病就不會往下發展，甚至於就「自癒」了。

當那些少數失控的乳癌細胞，由中醫認為淺層的氣病發展出深層血病的乳癌時，單用氣功能否痊癒？則目前仍沒有具體的證據證實。還好目前醫療科技非常發達，只要乳癌早發現，在一、二期時就積極治療，也就是中醫的腫毒血病未深之際，5 年的存活率能高達 90% 以上；不過，若自己輕忽、拖延至第三期乳癌，即使積極治療，每四位

婦女 5 年內仍至少有一位死亡。我認為，拖延至第三期階段，病勢已深，乳癌細胞已經準備好了要在它最適的生存環境中開疆闢土了，整個病人及她的營養、原本健康電磁場，被癌細胞不斷貪婪的吸進無盡深淵的黑洞，這也就是乳癌為什麼可怕及高死亡率的原因。

《直指方・血榮氣衛論》主張：「病出於血，調其氣，猶可以導達；病原於氣，區區調血何加焉！故人之一身，調氣為上，調血次之。」基於這樣的理由，相信氣功在一個程度上，是可以加入用來治療乳癌這樣一個血病的。但若進一步探究古籍的療法，又指出「氣病治氣，血病治血」的原則，如《素問・調經論》說：「病在脈，調之血。病在血，調之絡。病在氣，調之衛。」且古籍及近代中醫前輩們，也並不單獨用氣功來治乳癌，多開立方劑藥物讓病患服用，並以治血病為主的見解，或有、或沒有輔之以氣功的方式治療乳癌婦女。或許是因為乳癌病情進展迅速，不治血僅調氣，恐怕會緩不濟急吧？

氣病若被拖延，後果豈止嚴重

　　我個人淺見，是非常推薦氣功作為乳癌中西醫整合療法中必要的輔助療法。因為乳癌是少數乳癌細胞失治的深化，氣病仍是源頭！

　　當中、西醫處理血病深化的乳癌時，氣病仍需同時解除，才是治療的正道，才是標（血病）本（氣病）同治。而且可同時改善因為乳癌所引發的、或抗癌西藥療法的副作用所產生的疲倦、噁心、食慾欠佳、頭暈、煩躁、筋骨痠痛、嗜睡等不適，提升病人在抗癌療程中，仍能保有些基本的生活品質。

　　我在書的序言指出，乳癌不只是一個病，應該把它當作是生活的一部分，當病人為乳癌這個病，改變生活習慣及人生觀時，就已經決定了這個馬拉松消耗戰的結果了。中西醫的併治，中西藥的聯合作戰，加上乳癌病友每日的調身、調息、調心的氣功鍛鍊，才能改變自己「陽證、裡

證、熱證、實證」的癌症體質，才能逐漸將扭曲的電磁場調整回來，才是贏得人生這半路殺出來的一役，請務必牢記：病人的態度，往往就決定了預後的結果！

第六章

一起來收拾生命的嘆息

爲什麼有這麼多乳癌發生

賈愛華

　　我沒有體力與時間，和好友青梅煮酒閒話家常與時事，更沒有時間去討論天下誰是英雄與敵手，而是想趁著退休前的夕陽無限好，舉辦一次世界學術大會，完成讀書人先天下之憂而憂，後天下之樂而樂的情懷，爲了國人的健康，將我畢生所學，和國際著名專家學者的研究成果介紹給國人，因爲目前臺灣面對世紀塑化大戰，其嚴重程度不亞於清末的鴉片戰爭。

　　國人的飲食安全出了問題，我們是生產塑膠產品之大國，所以塑膠製品的飲食文化深入每一個人每一個家庭，學科學的我得了乳癌，一定會反覆的捫心自問：「爲什麼？爲什麼有這麼多的乳癌發生在周遭？」反覆思索，其中最值得一提的是，整體環境的汙染、空氣汙染、水汙染、土質汙染、食物汙染、石油汙染……是我們把文明所

帶來的方便當成隨便，毫不在意的糟蹋著生存環境，天作
孽猶可違，那自作孽的苦果呢？

塑化劑的構造與類固醇荷爾蒙相似
若汙染，人體將造成體內生物鐘設定與啓用錯亂

參加過無數次的類固醇荷爾蒙快速反應的世界高峰
會，知道遠古時代恐龍的脂肪幻化出來的石油產物，不小
心吃到人體內，會干擾到體內細胞的新陳代謝與肝臟的能
量轉換與解毒功能。由大會專家學者的口中得知：塑化劑
的構造與類固醇荷爾蒙相似，會汙染人體，造成體內生物
鐘的設定與啓用發生錯亂。

舉例說明，母體如何孕育身心靈一體的單一性別的胎
兒？也就是胎兒有男性的生殖構造，在青春期時，大腦的
性別生物鐘，會受睪丸素刺激啓動，發育成身心靈一體的
男性。如果孕育期中受到環境荷爾蒙的汙染，干擾了大腦
生物鐘的設定，當青春期經體內荷爾蒙再度啓動大腦預先
設定之性別生物鐘時，可能就發生身心靈不一的性別認知
和行為，步入不同常人艱難的人生。

我得了乳癌後，曾一度放棄自己，覺得生命快要打烊

了，沒有什麼能引起我的注意與樂趣，我的心、我的夢都因為放棄對明天的期望而欠缺理想。自我一再萎縮、躲在心裡黑暗的角落中，任由孤寂吞噬心靈；不想與外界互動，聽不到任何的掌聲與喝采，覺得生命是多餘，我的存在與否對世界而言並無二致。直到無意間聽到迪克牛仔的〈最後一首歌〉，發現到我不可以放棄生活，放棄生命，因為生命會有奇蹟，我一定要有奇蹟和能力，去幫助與我相同命運的姐妹兄弟們，大家一起收拾生命的嘆息，努力在陽光下快樂地向前行。

我的學術研究發現，人類 T 細胞表面上具有類固醇荷爾蒙的表面受器，當受到汙染源刺激時，就改變了細胞正常免疫的生理狀態，使它受到抑制，導致正常刺激訊息執行時，發生變異的反應。一般來說，細胞都有能力維持正常保持恆定的狀態，所以癌細胞與體內造就出來，絕非一天一日所能成就的，我懷疑食物與水受到類固醇荷爾蒙的汙染，可能是現代人癌症居高的原因之一。更何況北投區是盛產塑化劑的源頭，沒想到臺灣大學化工系畢業的高材生，居然將它摻入果汁、奶茶、咖啡、牛奶等等飲料中牟利，此外塑化劑也被加入在食物的製成中增加口感，使

得麵包與澱粉更加軟 Q，而這些使動物暴露於塑化劑雙酚 A（環境荷爾蒙動情素的一種）的多寡，是為糖尿病好發的指標。

西班牙 Miguel Hernández 大學 Nadal 教授研究發現：動情素能快速的刺激胰臟 β 細胞，使胞膜上之鉀離子管道關閉發生去極化，使胞膜上鈣離子管道打開，促使胞內鈣離子濃度快速上升產生震盪變化，不斷地持續刺激胰臟 β 細胞分泌胰島素。而塑化劑（雙酚 A）會在母體懷孕時，增加胰臟蘭氏小島大量的分泌胰島素。而低劑量的雙酚 A 在體內只要 1 nM，就等於女人懷孕末期動情素的濃度。

所以男性只要吃進些微量的環境荷爾蒙塑化劑（雙酚 A）後，體內就會模仿懷孕末期婦女刺激胰島素的過度分泌，造成體內周邊組織對胰島素產生阻抗，結果造成男性第二型糖尿病的好發。如果母體懷孕時受到雙酚 A 汙染，其子代則容易罹患小兒氣喘病、注意力不足過動症，及男孩早發糖尿病等。因此也特別呼籲大家，飲食必須對裝盛食物所使用的容器材質小心，要避免使用 polycarbonate 材質的塑膠製品，以防止其釋出的雙酚 A 汙染，危及本身及後代之健康！

Nadal 教授還發現懷孕母鼠，餵食雙酚 A 後，會導致母鼠脾氣變得暴躁，出現吃掉小鼠的行為。目前發現每人每天超過 100 微毫克的雙酚 A，就會危害身體，好在 Nadal 教授的研究，進一步發現動情素的致效劑，可以成功的醫治糖尿病使患者血糖降低。

財團不斷坐大、壓榨的遊戲規則
難道國家也得了致命的癌症嗎

目前的社會，已進入「利字擺中間，道義閃旁邊」時代，人人為五斗米折腰，黃鐘毀棄、瓦釜雷鳴，商業電視台直接為商人做置入行銷，將錯誤的訊息洗腦般的傳播至消費者腦中，反覆地灌輸，以竊取每一個消費者荷包中的所得。讀書無用論，大學的畢業典禮不是有學問有道德的人去對畢業生演講，而是請會賺錢的各行各業的 A 咖去演講。

房子更是炒作的工具，沒有見過哪一個國家的傳播媒體，每天不斷炒作每坪房價多少錢，升斗小民得不吃不喝三五十年，才「有可能」買得起屬於自己的房子；搞得大家日常生活惴惴不安，年輕人一輩子將因買屋為奴，身為

老師的我怎甘心？學生和我的後代，生養教育孩子，竟沉淪為財團努力生財的工奴，成為企業牧場中圈養的一頭泌乳的乳牛，有朝一日病了，沒產能了就被迫離職。22K？請問這是要什麼樣有志氣的年輕人可屈就的薪水啊？這像在延攬有為的人才嗎？

這擺明了是「鳳凰吃雞食」，連在高消費的大都市裡求個溫飽都很難！企業到底要的是人才？還是勉強溫飽沒有生活品質的奴工啊？企業主的良心對得起年輕人的父母嗎？你們有門道避稅將錢藏國外，卻要納稅人為你培養一代代的年輕人，供給你們廉價剝削？政府不見了，有誰能夠忍受房價天天在媒體上經由商人亂喊價，干擾了百姓生活的普世價值、安定與和樂！這難道不是我們的國家也得了致命的癌症？

為了國家不得致命的癌症，北宋的理學家張載曾說：一個好的政府應「為天地立心，為生民立命，為往聖繼絕學，為萬世開太平」。也就是祈禱國家能有具大智慧的領導者，能帶領國人開創新的思維能力，促使國家各方面進步，孕育出大時代的使命感，使國人萬眾一心的向前邁進，恢復中華的優良傳統文化，傳承中斷的東方科學並發

揚光大，如此，才能爲子孫萬代奠定世界大同的承平基業。

早上醒來，請將心思用在面對每一個今天
而不是回憶每一個昨天的喜怒哀樂與得失

陳立夫老先生曾說：「老年生活不只要有健康，更需將心態維持在無憂、無慮、無辱的常樂境界才能充分的享受到生命的自在與圓滿；學習對生活、對人、對事、對物都不強求，這樣才能隨緣順變自在的生活。」老了養老金一定要維護好，不可以冒風險投資，如果投資失利就會輕易地把自己寧靜幸福的生活打亂，無法享受無憂無慮常樂的生活，所以老了必須放棄年輕時的一些不良習慣，需要放平、放空、放手一切執著，這樣才能讓生命回歸它的恆定點，讓身體時時刻刻得處於休息狀態，做到該歡樂時得以歡樂。

中央研究院院士錢煦教授說：「人必須無止盡的追求人生的眞善美，但是要兼顧體力與時間；有五分鐘能力就做所謂五分鐘時效的完美，有十分鐘能力就做十分鐘時效的完美，這樣才可以幫助我們簡化複雜的生活，達到今日

事，今日畢。」換句話說，要更有科學效率的工作來彌補
年老的體力不足。

上天不是讓我們來人間受苦的，我們每個人都是站在
上天的手掌心中接受一關又一關的考驗，給我們困惑也給
我們獎賞，直到哪天肉身壞了而回歸大自然；我們來自大
自然，也必然回到大自然的真理懷抱處，我們只能順著上
天的天意走，談不上委屈。每個人都是上天派來世間的仙
子或仙女，來訴說人間傳奇；每個人口中都有一段不簡單
精彩的故事，互為見證。

世間所有的好好壞壞，說實話，人類對地球而言，不
曾擁有也不曾失去，只享有浮光掠影交會時，互放的光
芒。聖嚴法師說：「人要一心不亂很難，火沒燒到你，不
要怕，快燒到時再想辦法避火也來得及！」人生本是甘心
做，情願受，無怨無悔。

師大生物研究所的簡教授八十大壽時，大夥為他在溫
泉會館暖壽，老師在旅館的會議廳裡，陳列他一生重大事
件的證明，分享喜愛的音樂，也陳列了他美國好友加州大
學退休教授 Dr. Hendric 寫給他的喪偶安慰信，老友勸他
人生本是老陳凋零，如秋風掃落葉，老了必須懷著過一天

算一天的心態過日子。要清心寡慾，在生活規劃上不要有太多的理想與壓力，要顧及身體可能受不了這樣的訴求，因為我們年齡大了，身體每一天都可能有不同突發變化產生，必須專心應對；所以請每天早上醒來，將心思用在面對每一個今天，而不是用來回憶每一個昨天的喜怒哀樂與得失。

我們只會越變越老，身體老化產生的問題只會越來越多；很現實的，我們必須細心有眼光觀察留意每天身體所產生的些微變化，並立刻花時間處理它，這樣才能賦予生命多些色彩，少些病痛，才能保持身心靈的快樂健康與長壽。但是，生活中免不了還是有重大事情讓我們陷入備戰，為了保持理智以智慧解決問題，不要浪費心思在太多不相干的事情上，干擾正在進行中的大事，這樣做可以減少或縮短使自己免於焦慮等待，而傷害了最重要的健康。

躺在病床上，就只有一個統稱：「病人」
亡故後就成了「先人」

退休的老大姐打電話給我，談到 90 多歲退休多年的教務長：「教務長老夫婦用退休金各請了一位外籍看護，

最近不知道發生什麼事，一離開醫院就發燒，住了院就退燒，所以一住院就得半個月或一個月。結論是，指望退休金養老是不會夠用的。」她在在提醒我，退休後不可當月光族！

凡是經歷過大病一場的人，一定會感受到躺在病床上的無力感，無論從手術台、加護病房，到出院回家靜養，當一個人生活瑣事不能自理時，就會成為沒有尊嚴的病人，當人放下一切呼吸與心跳，變成物體死人時，都必須經歷由他人處理自己的肉體，不管未來是火葬或土葬，誰知道你是誰。身前如何尊榮，躺在病床上就只有一個統一名詞「病人」，亡故後就成了「先人」。

樞機主教單國璽老先生，在世九十多歲時，累積到無數的榮譽、地位、敬愛等，對於牧靈、福傳、拯救人靈、愈顯主榮，讓他自覺洋洋得意，一直到他晚年病重不起，躺在病床上瑣事不能自理時，他體會到：原有的自尊、維護的榮譽、頭銜、地位、權威、尊嚴，被病魔逐漸一層層地剝掉、歸零、都放下時，這時候被掏空的自己，反而與一絲不掛懸在十字架上的主耶穌更親近，更顯主榮。

希臘國王亞歷山大大帝期望在臨終前，能夠親自趕回

家裡和親愛的母親道別，但是很遺憾無法達成願望，因此他死後的三個願望分別是：由他的御醫群扶棺而歸、將收集來的金銀珠寶鋪滿在去墓園的途中、把他的雙手懸空地放在棺外。想不到不可一世的亞歷山大大帝，當受到疾病無常來訪時，才體會到再好的醫生，也無能力將他從死神的手中救出，所以人必須自己懂得珍惜生命；追求金銀珠寶原來是件「生不帶來死不帶去」的窮忙。

　　趙寧教授生前說過：「要及時善待周邊的親人，欣賞環境中的一切人事物。品茗一杯好的茶，欣賞一幅美麗的畫，閱讀一篇好的文章，這些都需要及時享受，因為百年之後將成絕響，再也享受不到了。」

賴榮年 看診

長鏈下的環境荷爾蒙

環境荷爾蒙（Endocrine Disrupting Chemicals），泛指被稱為「環境來的內分泌干擾物質」中的一些人工合成化學物質。

作用機轉，在於一些人造的化學物質，造成環境汙染後，透過食物鏈再回到人或其他生物的體內，之後會干擾體內荷爾蒙的合成、分泌、輸送、結合，或排除等功能。要完全避免環境荷爾蒙是件不可能的事，因為它們隨著過去近百年來工業界的製造、人類的使用與任意排放、丟棄，這些汙染，在我們周遭的生活環境中，早已是無所不在了。

完全避免環境荷爾蒙
是不可能的事

　　以農藥 DDT 為例，在我小時候的臺灣，臺灣與
WHO 從 1952-1956 年，共同簽訂為期 4 年的「瘧疾與蚊
蟲控制計畫」，DDT（Dichloro-Diphenyl-Trichloroethane）
的殺蟲的廣效（什麼蟲都可以殺）與長效（一次噴灑一年
有效），臺灣與美國都大量廣泛的使用，不但噴灑在農田
裡，噴灑在牧場裡，也噴灑在家戶之中。

　　於是我們全暴露在這半衰期長，不易分解的環境荷爾
蒙中，DDT 蓄積在許許多多母親的肝臟、乳汁中及生活
周遭的環境中。1962 年，美國的海洋生物學家 Rachel
Carson 出版《寂靜的春天》（Silent Spring），讓民眾普遍
了解並關注到農藥與環境汙染的嚴重性。《寂靜的春天》
促使美國在 1972 年起，禁止將 DDT 用於農業上，因
DDT 的濫用，會引發生態浩劫，而世界各國也陸續相繼

禁用。

　　後續更有研究指出，50歲或以前發生的乳癌、或50歲以前因為乳癌而死亡的婦女，與母親暴露在DDT汙染中有高度相關。是否臺灣婦女發生乳癌集中在50歲前後，這個平均比其他先進國家白種女性提早10歲的奇怪現象，或許DDT對臺灣婦女，也是個《寂靜的春天》！

　　既然是母親透過乳汁傳給下一代的，好像是無法改變的事實，不過有時人也要有點相信「命中註定」這件事，打開心胸，不要沉溺在自怨自艾中難以自拔。在乳癌的療程中，人生還是有許多可貴的感動及美好等待病友去發覺、體會或實踐。也許是一眼美景、一幅畫、一首扣人心弦的歌、一抹純真笑容……都是人生中美好的片斷，點點滴滴，不也串起美好的回憶？我曾看過罹癌的病患，組成單車隊完成環島旅遊；有人發揮潛在天賦開始作畫、有人則致力於環境保護，有人乾脆身體力行種起每天要食用的有機蔬果。

　　賈教授在罹癌後，非但不自暴自棄，反而越挫越勇，努力發表她的研究，讓這世上流傳的知識中記載著她的名字，努力舉辦國際研討會，將歐盟、法國、愛爾蘭的院士

請來臺灣演講、交流，在在展現出賈教授在生理學研究領域十足的國際分量。

環境荷爾蒙可以模擬人體內的荷爾蒙作用

正因如此，環境荷爾蒙影響我們體內各種生理調節機能，比如模擬女性動情激素，改變體內分泌荷爾蒙活性物的濃度，而讓乳房細胞變性，因此，有些乳癌的問題，可能是婦女不自知的。長期暴露於環境荷爾蒙所造成的結果，這部分幾乎沒有有效的療法；所以在此說明，期望減少繼續不自知的暴露，而導致影響中西醫整合的療法。

目前已知的環境荷爾蒙約有七十種，其中四十餘種為農藥，如除草劑、殺蟲劑、殺菌劑；其他包括有機氯化物如戴奧辛、PCB、DDT 等；重金屬如鉛、汞、有機錫、清潔劑原料、塑膠原料。姑且簡單將環境荷爾蒙分成四大類：

藥物

人造動情激素（DES）。

農藥

DDT、有機氯農藥、其他農藥、二溴氯丙烷（Dibro-mochloropropane）、DBCP，會抑制精蟲活動，影響懷孕過程。

工業產品

多氯聯苯（PCBs）、有機錫（Organic Tin）、塑膠之塑化劑、清潔劑。

環境汙染物

戴奧辛（Polychlorinated dibenzo-p-dioxins，Dioxins）、苯比林、鉛、汞、鎘（也被懷疑是環境荷爾蒙）。

日常生活中較易接觸到的環境荷爾蒙汙染物

只要留心多注意，其實要避免環境荷爾蒙的汙染並不難：

塑膠水瓶、美耐皿、透明的塑膠嬰兒奶瓶

材質多半為聚碳酸酯（polycarbonate），其原料中含有雙酚甲烷（bisphenol-A），酚甲烷是已被確認的環境荷爾蒙，在注入熱水到容器時，雙酚甲烷會溶入水中，許多有卡通圖案的塑膠兒童餐具，不肖商人使用聚碳酸酯的材質，致使用得較久的塑膠碗、盤，會溶出較多量的雙酚甲烷到食物中。

保麗龍材質裝熱食熱飲的杯子、碗

絕大多數都使用聚苯乙烯（polystyrene）的塑膠容器，國人稱為保麗龍。保麗龍是全球環保界的頭痛產品，原料單體叫苯乙烯，是已知的致癌物，製造過程所添加的塑化劑 alkylphenol（鄰苯二甲酸酯類 Phthalate esters）也是會干擾內分泌的環境荷爾蒙，二者在使用過程很容易溶出到食物中。

化妝品、卸妝用清潔用品

含有機類的環境荷爾蒙，如：壬基苯酚乙烯（一種非離子介面活性劑）、鄰苯二甲酸（phthalates）、烷基酚（alkylphenol）。

部分塑化劑成分

　　被用來做化妝品和香水的「定香劑」，指甲油中也有類似成分。常用來覆蓋食物的保鮮膜，接觸到油性食品，或用微波爐加熱時，也會溶出塑化劑；引爆食安話題的添加物起雲劑，很多研究也證實與危害健康有關。2014 年，中央研究院副院長陳建仁院士在「健康高峰論壇」中，首度公開發表他的研究成果：暴露在過多劑量的塑化劑中或再加上代謝慢的婦女，其塑化劑會增加乳癌發生風險 1.9 倍到 3.4 倍不等。

戴奧辛

　　影響人類最深的環境荷爾蒙，具有乳癌致癌特性。蓄積於體內脂肪組織，其分解的半衰期非常緩慢，可長達十年以上，也常導致生理週期荷爾蒙不正常變動、乳房細胞基因變性而癌化。新生兒吸吮含戴奧辛的乳汁，雖然蓄積於乳房的戴奧辛含量會下降，但短期間會看到新生兒體重降低的載奧辛毒性。戴奧辛來源，有廢棄物焚化爐、交通運輸排出的廢氣，及香菸的煙霧等等。

如何安全的吃

- 均衡飲食，不偏愛或排斥吃特定食物。
- 減少吃醃漬食品或含有防腐劑、甘味劑、增色劑的食品。
- 購買符合時令的、能去皮的、農藥殘留量較少的蔬果或確定品質的有機蔬果。
- 減少食用非有機養殖的動物油脂，如肉類、海鮮的頻率，特別是肉類內臟、魚肚、魚腸等。
- 建議不吃食物鏈頂層的深海魚類，因為許多環境荷爾蒙有「生物累積」的效應，在食物鏈較頂端的水生動物體中多氯聯苯（PCB）濃度可達到海水的一千萬倍。
- 盡量少用所有塑膠類製品，少用塑膠容器盛裝或微波食物，尤其是 PVC 塑膠袋或保鮮膜，盡量以 PE 製品取代，因 PE 是硬塑膠，較不易溶出有毒單體。

多一分留意，少一分傷害

在我們日常生活環境中，難免有許多潛藏的因素，會

影響到乳癌細胞的生殖、分化，甚至於擴散，環境荷爾蒙還涉及居家建材及一些食品的產地、履歷等，最好從平日的生活接觸開始注意起，始為上策。

　　乳癌既然是危害全世界婦女健康的重要議題，從古老中醫到現代腫瘤療法，我認為各有長處，需要靈活的運用整合，可大幅改善很多療程中的不適及長期的預後。當然在乳癌治療上仍有很多進步空間，需要中西醫坦誠的合作與改善，共同照顧病人能有更好的醫療與生活品質。而讀者朋友們，應從可能會造成乳癌的潛在危險因素中，多加預防及透過篩檢及早發現、及早治療，避免乳癌的發生及萬一發生後所衍生的各種後遺症。

後記

東方的中醫學

賈愛華

　　我擁有一位飽讀詩書卻不合時宜的父親，當我負笈美國求學，取得愛因斯坦醫學院博士學位返國任教時，他憤憤不平的告訴我說：「西方科學讀個三、五年書，就可以授予博士學位。而以中國歷史看來，一個儒學大師得讀一輩子書，做一輩子研究，尚不能及。」父親當時認為：「西方文憑雖有價值，比不上東方儒學水到渠成的精粹記載，以及中醫學的認證與歷史價值。」

　　說實話，以我從事西方的驗證科學研究來看，每每在研討會中發現，不論你從事的是哪一方面研究，生化、生理、藥理……最終都會探討癌症發生的機轉與治療對策。研討會中所呈現的不同癌症可能發展的訊息途徑，有如天上繁星般不勝枚舉。癌細胞本是我體內細胞的一部分，居然在體內的大同世界裡發生變異，吸收比其他細胞更多的

養分，成長得比其他細胞快；這使得體內大多數的細胞處
於挨餓狀態，無法維持正常生理功能，若醫學不能對癌細
胞有所箝制，終將導致人停止呼吸心跳，失去生命。

　　以我多年對生理學的探討，觀察得知西方的資本主
義、企業競爭，誤導了生命科學的研究方向，幾乎達到難
以突破的瓶頸。以過去二十年開發新的心臟藥物爲例，業
界爲配合各國衛生單位的立法，藥物的基礎研究，必須從
低等動物驗證到高等動物。不僅浪費了生技人才的體力、
業界的財力，結果新藥開發的成功率低而失敗率高，且打
趴了全球新藥物開發的能力。

　　這是因爲在低等動物的一些重要新發現，並不能應用
在拯救高等動物人類的疾病上。因此有了「轉譯醫學」研
究的興起，將新藥物直接應用在人身上，做實體研究觀察
是否有效？在全球人口爆炸的現在，也唯有如此，方可及
時爲流行病找到新的解藥來解決健康問題。何謂「轉譯醫
學」呢？是指醫師將臨床上所看到的疾病，回到實驗室裡
做基礎研究，尋找疾病的機轉及解決的良藥。

　　當自己罹癌後，接受了中西醫的整合併治，才赫然知
曉：原來幾千年前，中醫學就用眼、耳、鼻、舌、身、意

的感官，以受、想、行、識寫下了部部的「轉譯醫學」經典傳世救人！所以我認為，即便是在高科技盛行的二十一世紀，東方的漢醫學仍有不可小覷的「無限奧妙功力」，等待有心之人的開挖與發揚光大。

我很高興認識賴主任，也沒有忘記先父的叮嚀，不要數典忘祖，要傳承優秀的中華文化！因為從事「細胞對類固醇快速反應」的研究，結交了國際上各領域的優秀同儕；也因為我的英雄主義，希望在退休前，能辦一場揚名國際的研討大會，讓臺灣對先進科學領域的研究受世人矚目。

最近身兼歐盟及愛爾蘭院士，也是榮獲法國總統授勳騎士勳章的 Dr. Harvey 受邀來臺訪問，他告訴我他有五十肩的問題、還有嚴重致命的氣喘宿疾。我很好奇的去問賴主任：「中醫可以治這些嗎？」沒想到，賴主任只在右手下了一根針、竟然當下使左肩活動自如，立即醫好他的五十肩，又接著下了兩根針平息了 Dr. Harvey 蠢蠢欲動的氣喘。

事後 Dr. Harvey 含淚高興地告訴我：「遍訪歐美名醫，從沒有醫師說可以根治我的氣喘，只說能幫忙舒緩氣喘的

　　不適，唯有賴主任明確表達，他可以用古老的中醫學根治我的氣喘。」Dr. Harvey 現在逢人就說：「我親身見證了古老中醫學的偉大！」非常感謝賴主任，因緣際會的幫國家成就了一樁美好的國際外交。

　　最近走訪歐洲各國，參訪了許多各式各樣的教堂，每每看到高釘在十字架上的耶穌，仍是那麼平靜祥和的一張臉，祂忍受自己身心無盡的痛苦，仍不斷祈禱上天原諒世人的無知。人本該像孟子所言：「天將降大任於斯人也，必先苦其心志，勞其筋骨，餓其體膚，空乏其身，行拂亂其所為，所以動心忍性，增益其所不能。」以我自己來說，一旦立下研究志向與假說，就邁向「富貴不能淫，貧賤不能移，威武不能屈」擇善固執的漫漫長路；「不以物喜，不以己悲」，人生本來就該如此不是嗎？

　　走過罹患癌症峰迴路轉的困頓沮喪，也因而發現與西方醫學截然不同思考邏輯的東方中醫學，自有它能經千古錘鍊仍被世人仰之彌堅的道理。希望參與癌症聖戰的每位朋友，都能努力為自己追求更好的醫療模式，為所愛之人不失鬥志。至於醫療，說當西方遇上東方、或東方遇上西方都好，只要是為病人好，深信大家都樂觀其成，讓中西

醫的整合併治，能救病人的危與病人的苦，即便生病，苦
是必然，但也不能因此失去生活上的尊嚴、品質，與生活
中的樂趣啊！

我是人間惆悵客

賴榮年

　　當書寫到尾聲，我整本從頭細讀一遍，想起清代三大詞家之一的納蘭性德，他有一闋〈浣溪沙〉：「殘雪凝輝冷畫屏，落梅橫笛已三更，更無人處月朧明。我是人間惆悵客，知君何事淚縱橫，斷腸聲裡憶平生。」

　　賈愛華教授，是我眾多癌症病人中，很不一樣的一位！她面對大家聞之色變的癌症，晴天霹靂的當下，和所有癌症病友一樣驚慌失措；但她很快的坦然接受療程、重整自己，與病和平共處；並回歸生活的常軌、在她所熱愛的公私領域中發光發亮！最特別的是，賈教授「回顧」一路走來暗自強壓抑的痛苦、失眠、害怕、無助、悲傷……來寫這本書，將積存在心靈深處的乳癌負面能量，做一次刨根究柢的徹底釋放。在她寫書期間，我多半是在門診「聽」她再次面對深沉恐懼、毫不留情、再次襲捲而來的

種種無法輕放的痛苦歷程，但賈愛華教授真的披荊斬棘走過；太、太佩服她的勇敢了！

或許當讀者朋友看完這篇後記，恍然了解，原來我在治療乳癌的環節中，是順其病程的發展，用兵來將擋、用四兩撥千斤來對治。即便是面對這麼難纏的沉痾，我仍堅持用最不傷病人身心的方式，來做盡可能的防範病變再生與醫療照顧。

我或許，就像面對練功急急求速成學生的師父，護他周全外，還要避免他的走火入魔；或是爭取奪標選手的教練，贏雖然重要，但不能捨本逐末，徒留一身的運動傷害後遺症。美好的結果，固然是醫病雙方都期盼、渴望的成就，但在奮鬥的一路上，即使有醫師的神機妙算相幫，若沒有病人自己堅此百忍的毅力、汗水和淚水齊飛的淬鍊，醫師也是莫可奈何！

我行醫近三十年，前八年，是專職的西醫婦產科主治醫師，因為迎接新生命的降臨，幾乎所見是每一家人無比的歡欣；我熱愛這對產婦和新生兒充滿祝福的工作。婦產科的訓練，絕對是經年累月、日以繼夜的辛苦，常深夜接生完天將破曉，打一個小盹，一會兒過後又要開始一天忙

碌的門診或開刀；但因歡喜心，甘之如飴的投入時間與精力，既不嫌累也不嫌煩，也因此快速精進了自己的開刀、接生等醫術。

當累積多年看診經驗後，總會碰上醫學極限，看過人間無數的逢老、逢病的悲嘆苦別，這就是我為什麼會信筆引喻納蘭性德的「我是人間惆悵客」，而讓我對於婦產科開刀治癒病人的子宮頸癌、內膜癌那種的自喜與成就感，頓時跌到谷底！

「為什麼會這樣？」

「為什麼門診總有反覆不癒的白帶、每個月都痛到要請假的生理期，表面上，西藥治療確有卓效，但為什麼卻不曾根治？」

「為什麼部分乳癌的婦女，遵守西醫療法的醫囑進行治療，病情有些迅速惡化？且又有部分病患，遺留下很多長期慢性病痛的煎熬？」

行醫至此，心境上真的不斷湧出「伴我蕭蕭惟代馬，笑人寂寂有牽牛」的落寞……我不斷自問、追求答案，不服輸的我，因此打算好好再從中醫學習起，看看有沒有辦法一舉兩得，既能治好病人、也能治癒自己失落的成就

感。縱然治病過程中「知君何事淚縱橫」，仍希望病人在我的醫治下，能完成對乳癌及各種病痛的致命一擊，讓病人不要淚眼婆娑的在「斷腸聲裡憶平生」。慢慢的，在臨床上發現：中醫的婦科，對治卵巢機能退化的更年期症候群、更年期的潮熱、失眠、肌肉筋骨痠痛、陰道乾澀等，中醫療法有非常好的治療效果，但為什麼醫療的照護主流，不願重視中醫藥的療效呢？

「得用科學的方法，教人心服口服驗證中醫藥的療效，這是可以讓全世界都認同中醫藥的最佳推廣方法。」決心既下，我自當要貫徹執行！有幸能受教於前臺大公共衛生學院王榮德院長、這位素以嚴格訓練出名的教授門下，學習「猜測與否證」的研究，除了完成碩、博士學位，我也陸續發表更年期研究論文於美國及歐洲的科學期刊《Journal of Alternative and Complementary Medicine》、《CLIMACTERIC》、《Chinese Medicine》，不但證實了中藥方劑為治療更年期諸多不適症狀的有效藥物，也進一步將研究成果，定名為「臺灣更年期一號（TMN-1）」並取得國家專利。

面對不確定的未來，人們總難免存在著恐懼或裹足不

前，我想和大家分享的是：秉持著面對問題、不逃避解決
問題的心態，我從現代醫學跨進傳統醫學，從科學知識到
古老中醫學、從純化的西藥到世代流傳的經典方劑，是我
這二十多年來，探尋更好醫療技術的軌跡。而這心路歷
程，就像是鍥而不捨的探索者，追根究柢步履中，常陪伴
相隨的，唯有自己被視為曲高和寡的孤寂身影。

　　因緣際會，有幸受聘為國立醫學大學專職的研究所教
師，這原本不在規劃中的人生選項，使我慎思更多中醫藥
的教育、學習及發展的問題，該如何指導更多中醫師完成
碩、博士學位，發表中醫藥實證研究，進而帶領他們成為
受矚目與尊敬的中醫科學家，是我念茲在茲的努力。

　　回頭看，我似乎應該是圓了當年由西醫轉中醫，又轉
任學校研究教職的初衷，欣見我所指導的蔡岳廷博士中醫
師，鎖定乳癌這個疾病為主題，用科學研究的方法，陸陸
續續的證實中醫藥在乳癌治療上，有其不可或缺的角色，
也指出了未來的科學研究者一個很重要的研究方向。因為
我的研究告訴大家：中醫藥有些成分，是能減少乳癌發生
或用抗癌化療藥的副作用的，那就應該要挖掘更深，研究
找出更有效的中藥、成分、劑量等組合。我的研究也說明

了中、西醫師要拋棄令人扼腕的門戶之見，攜手合作，一起整合乳癌未來的照護方向，如此才是乳癌病人最大的期望與福氣。

這本書絕不僅是賈教授罹患乳癌的心路歷程，身為醫者的我，也重新檢視自己融合醫學、科學、哲學的古老與現代的治療成績。隨著書的完成，也驚覺到自己由「我是人間惆悵客」，蛻變到漸漸越發理解，被奉為藥王的唐代醫家兼道士孫思邈，傳聞他有一年新春，大門上的對聯，竟瀟灑的貼上「趁我十年運，趕快來看病」。這般不羈的意境，包含了對醫不好病人的少些疑惑、少些無奈；多些融匯古今醫理的雀躍、多些地獄般魔考後的置之死地而後生，原來為了接近這個意境，我竟是一直不悔的在研究乳癌上，消磨掉無數的青春。

Do your best！妳也可以！

就算乳癌纏身又如何？盡己所能，不要憂一日而失一日，我相信，即便是病中，妳一定有妳想做的事、想去的地方、想學的東西，那就放下一切，去做吧！

請相信我沉浸歲月後，從筆尖宣洩而出的椎心真言，讀者朋友們，請用非常非常沉靜的心，去對每一次飽滿吸

進全身的氣息，去對每一口舌尖流轉的佳餚，去對每一步大地灌注在體內的生機，細細品味，妳會和我一樣感動！

　　當妳成天擔憂乳癌的事時，妳已成為乳癌的俘虜，一位為乳癌所操控、辛苦活著苟延殘喘的俘虜；但當妳放下一切，去做自己的時候，乳癌只是成了提醒妳，應該如何真正為自己而生活的僕人！

　　謹以最誠摯的心，
　　祝福有緣在這本書裡，
　　與我心靈交會的每位朋友！

國家圖書館出版品預行編目(CIP)資料

中西醫併治‧夾擊乳癌 / 賈愛華，賴榮年作.--
初版.-- 臺北市：大塊文化，2014.09
  面；　公分.--（care；33）
ISBN 978-986-213-543-3（平裝）

1.乳癌 2.中西醫整合

416.2352   103015138

CARE
Good Care ,
Good Living

CARE
Good Care ,
Good Living

CARE
Good Care ,
Good Living